阅读与家教

王红旗◎主编

红旗出版社

红旗出版社
RED FLAG PRESS
推动进步的力量

图书在版编目（CIP）数据

阅读与家教 / 王红旗，毛传兵，赵忠心编.
—北京：红旗出版社，2016.12
ISBN 978-7-5051-3934-3
Ⅰ. ①阅… Ⅱ. ①王… ②毛… ③赵… Ⅲ. ①家庭道德－中国－通俗读物 Ⅳ. ①B823.1-49
中国版本图书馆CIP数据核字（2016）第271610号

书　　名	阅读与家教		
主　　编	王红旗		
出 品 人	高海浩	责任编辑	赵智熙
总 监 制	李仁国	特约编辑	刘德荣
装帧设计	温清河	出版发行	红旗出版社
地　　址	北京市沙滩北街2号	邮　　编	100727
编 辑 部	010-57274504		
E - mail	hongqi1608@126.com		
发 行 部	010-88622114		
印　　刷	三河市双升印务有限公司		
开　　本	710毫米×1000毫米	1/16	
字　　数	220千字	印　　张	15
版　　次	2016年12月北京第1版	2016年12月河北第1次印刷	
ISBN 978-7-5051-3934-3		定　　价	38.00元

欢迎品牌畅销图书项目合作　　联系电话：010-57274627
凡购本书，如有缺页、倒页、脱页，本社发行部负责调换。

本书编委会

主　任

毛传兵　红旗出版社副总编辑

副主任

赵忠心　著名家庭教育专家、北京师范大学教育学部教授、中国家庭教育学会原副会长、中国教育学会家庭教育专业委员会名誉理事长，出版《家庭教育学》等多部著作，中国当代家庭教育理论研究的开拓者

主　编

王红旗　首都师范大学中国女性文化研究中心主任、教授，《中国女性文化》主编，北京妇女理论研究会副会长，中国世界华文文学女性文学委员会主任，出版《爱与梦的讲述》等多部著作

编　委（以姓氏笔画为序）

马　健　教育部中国基础教育网特聘亲子与心理咨询专家、北京师范大学教育学硕士，出版《心理师为家庭导航》等多部著作

孙云晓　中国青少年研究中心家庭教育首席专家、研究员，中国教育学会家庭教育专业委员会常务副理事长，出版《习惯养成有方法》等多部著作

关　颖　天津社会科学院社会学所研究员、家庭社会学和教育社会学研究专家，出版《家庭教育社会学》等多部著作

孙昱莹　吉林省文联干部、青年作家、中国作家协会会员、长春市作家协会理事

金　玮　红旗出版社专题活动部副主任、解放军第四军医大学副教授、“书香三八”读书活动组委会秘书长

杨晓勇　安徽大学人口所原副所长、副研究员，博士

姜秀花　全国妇联妇女研究所所长助理、研究员，历史研究室主任，中国妇女研究会理事，中国婚姻家庭研究会理事

黄　微　国家一级培训师、家庭教育专家、知心姐姐心理健康教育研究中心研究员

董进宇　吉林大学副教授、亲子教育专家

韩贺南　中华女子学院教授、女性学系原主任，现任图书馆馆长，出版《新编女性学》等多部著作

游　涵　旅美作家、中国科普作家协会会员、心理及家庭教育专家

鲁鹏程　家庭教育专家，中国关心下一代工作委员会特聘专家，亲子教育杂志《时尚育儿》、《亲子》等专家顾问团成员、撰稿人

睢　雪　吉林省妇联调研员，吉林省作协、长春市作协会员

魏业宏　国家新闻出版广电总局干部

前 言

家风，如果说是一个家庭的精神气质，家教，则是培育这精神气质的沃土。当我们树立起家风需要长期的精心培育的意识，在阅读与思考中就会慢慢有了对好家风的形象设计：光明正大、生动活泼、充满力量、生生不息，令人向往！我们越是懂得家风的重要，就越是迫切探究家风养成之道——家教。

《阅读与家教》撷取多位家庭教育专家长期观察研究的成果和思考心得，从“道”与“术”两个层面，启发女性对家庭伦理和教育方式的思考，使女性掌握科学家教的艺术与方法。阅读中，你会感觉自己手中似乎有了一把把钥匙，可以打开诸多困扰已久的家教难题之锁。如果每日细细读上一篇，每天从书中研得一把钥匙在手，付诸实践，在实践中体会轻旋慢进的开锁之道，逐渐运用得娴熟自如，那么在全部读完本书之后，相信你的家教功力一定会大长，不可与今日同语了。

注重家教家风不能不向古人学习。中国传统是极重家教的，家规家训本身就是灿烂中华文化中独具特色的重要一脉，是传统文化和个人联系最紧密的部分。许多正气浩然、智慧通达的家规家训在无数家庭代代相传、广为颂扬。中华文化正是以家教家风、家规家训为乳为水，养育了每一个中华儿女的精神人格，铸就了中华民族的美善灵魂以及文化气质、文明举止等。人类历史上曾经创造了四大古文明，唯独中华文明绵延不绝，至今依然生机勃勃，影响深远，家教家风传承之力功不可没。

中国古代的教育主要是德行教育，其方式和路径是“家教—看官（以吏为师）—习典（见贤思齐或学习前人典章）”。“习典”就是阅读，阅读经典，而不是现在的碎片化信息。可见，阅读是传承文明、化育精神最直接的方式，家教家风与阅读密不可分。

阅读习惯的养成，就是一种家教，就是一种家风。阅读本身就是每一个人自我教育，把家教家风不断递延下去的过程。

在家教实践中，女性承担着更为重要的责任。因着这份义不容辞的责任，沿着阅读这个千古不易的成长大道，我们郑重为您奉上这本书。如果它能起到抛砖引玉的作用，引导你深入传统与今天、古人与今人家庭教育的智慧中，深山寻宝，满载而归，活学活用，从而让你的家庭有好的家教，有好的家风，那我们就深感荣幸，心满意足了。

女性阅读引领家庭阅读，影响子女阅读，是家教之源头，当你打开这本书的时候，对家庭教育的思考、改进就悄悄开始了……

编　者

2016年11月

目 录

教育理念决定家庭教育成败

家庭教育要先悟道而后谋术

孩子是果，父母才是根

认清父教的三大优势

高质量地陪伴孩子

怎样聊天孩子才会说出心里话

没有兴趣就没有真正的学习

当孩子犯错时

让孩子完整地成长

教育理念

决定

家庭教育成败

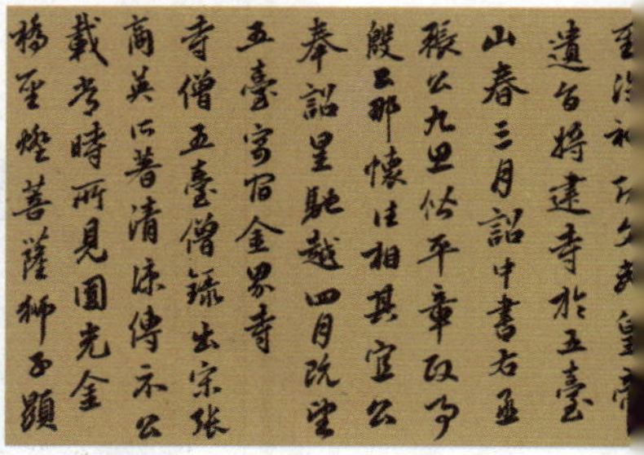

书画阅读　二等奖　富显博　中国电建水电六局机关工会

家庭教育理论体系要有中国特色

赵忠心

中华民族传统文化是宝贵的精神财富，汲取精华，继承、发扬，使之为社会主义现代化建设服务，这对于建设具有中国特色的现代化国家，具有重大的现实意义和深远的历史意义。

特别是在改革开放的今天，认真汲取中华优秀传统文化的思想精华和道德精髓，显得尤为重要。

一个国家、地区长期封闭，往往会坐井观天，夜郎自大，盲目自满；而一旦突然开放，又往往走向另外一个极端，产生民族虚无、民族自卑的思想，认为自己事事不如人。这是常常发生的历史现象。

对于外国的文化，要坚持“洋为中用”的原则，大胆地理直气壮地学习、借鉴，为我所用。因为任何的文化遗产都是人类共有的财富。

与此同时，对我们中华民族的传统文化，要坚持“古为今用”的原则，认真审视我们的传统文化，继承发扬传统文化中具有生命力的精华，为今天的社会主义现代化建设服务，这也是非常必要的。二者不能偏废。

家庭教育是民族性特别强烈的教育，应该继承中华民族的家庭教育文化传统，不能“去中国化”。

教育属于上层建筑，受经济基础的制约，要为经济基础服务。家庭教育也是教育，也属于上层建筑，也要为经济基础服务。

以往，人们只是关注家庭的生产、生活职能。其实，家庭不仅是生产单位，生活单位，也是文化、道德的载体，承载着传递传统文化、道德的历史责任。

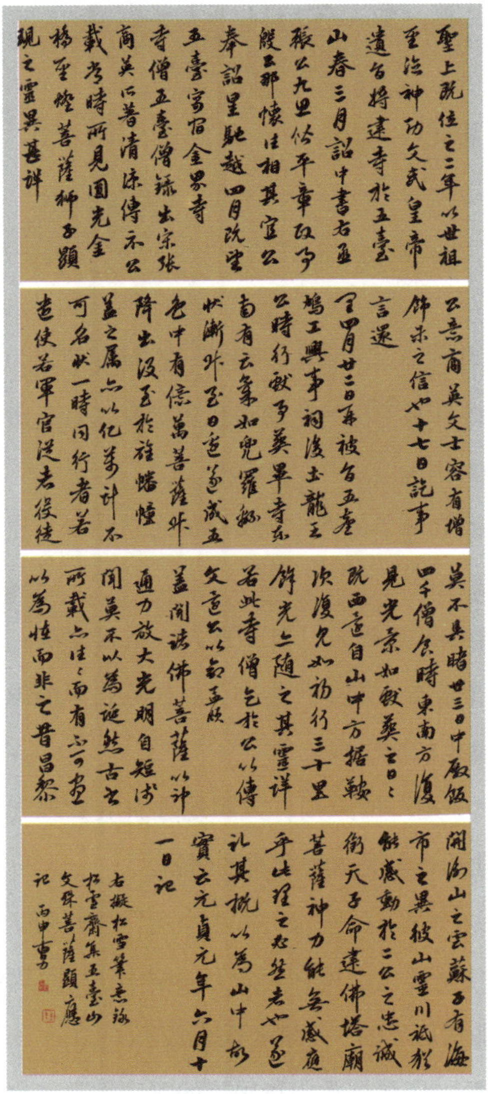

书画阅读　二等奖　曹力
湖南省常德市澧县自来水公司

几千年来，我们的传统文化、道德一直延续到今天，家庭功不可没。在传统社会，学校教育并不发达，绝大多数人没有机会入学读书，家庭教育则成为保存、传递、弘扬传统文化、道德的重要渠道。

在今天，虽然学校教育已经相当发达，学校自然是传递主流的文化、道德的重要渠道。与此同时，家庭和家庭教育仍旧以它独特的优势，担负着传递、弘扬主流文化、道德的社会责任。

家庭是一种私人教育，有很大的自主权，任何人都不能强制家庭教育传递、弘扬主流的文化、道德。但绝大多数的家庭却都自觉不自觉地传递、弘扬主流的文化、道德。这是为什么呢？

传递、弘扬主流的文化、道

德，对家庭的和谐有积极的意义。优秀的文化、道德是人们在长期的实践中总结出来的调节人际关系的准则，有利于调节家庭成员之间的关系，建立和谐的家庭关系。常言说，家和万事兴。家庭的和谐，会促使家庭兴旺发达。

传递、弘扬主流的文化、道德，有利于建设良好的家风。家风，对内不仅有利于建立家庭成员之间和谐的关系，对外也有利于树立家庭良好的社会形象，赢得良好的社会评价、广泛的人脉，建立良好的社会人际关系。

传递、弘扬主流的文化、道德，建立良好的家风，对于家庭里的未成年人来说，尤为重要。家庭教育，从某种意义上说，就是家风的熏陶。家风，对未成年人来说，就像是物理学中的磁场，长期生活在其中，耳濡目染，潜移默化，会不知不觉地朝着家庭所期望的方向发展。

今天，整个社会都比较浮躁。作为子女的教育者——家长也是心浮气躁，很多家庭只重视孩子的智力开发和文化学习，而对主流文化、道德的教育放置可有可无的地位。这既不利于家庭的和谐，也不利于孩子健康发展。

为促使家庭正确地行使职责，当务之急是认真研究传统的家庭教育在传递、弘扬传统文化、道德中的历史经验，建立具有中国特色的现代化的家庭教育理论体系，改善今天的家庭教育，使之更好地为社会主义现代化服务。

（2014年12月28日　本文发表于《中国教育报》家庭教育版）

教育理念决定家庭教育成败

赵忠心

谈起家庭教育，人们往往首先想到的是用什么教育方式方法能把子女培养好。教育方式方法就像是过河的船或桥，是完成家庭教育任务、实现家庭教育目的不可或缺的手段。

其实，比家庭教育方式方法更重要的是教育理念。教育理念是家庭教育的灵魂，支配着教育方式方法，决定着教育方向，是家庭教育成败的决定性因素。

家庭是文化的重要载体，家庭教育是一代接一代延续下来的。文化也像生物现象，是可以“遗传”的。现代家庭教育不可能不受到传统家庭教育理念的影响。对于传统文化，我们一贯坚持“古为今用”的原则。所以，要批判地继承家庭教育文化遗产，使之为今天的家庭教育服务。

特别是当今社会，人们所面临的生存、生活环境与过去大不相同，家庭教育面临的新情况新问题层出不穷。应重新审视传统的家庭教育文化，取其精华，去其糟粕，树立科学的家庭教育理念。

需要树立的科学的家庭教育理念有哪些呢?

正确的评价标准。评价子女的标准是一个指挥棒，指引着子女的发展方向。方向正确，才有可能把子女培养成才。长期以来，家长们评价子女的首要标准是“听话”，这其实是封建家长制的典型产物。今天，劳动场所早就从家庭转移到社会，社会生活首先需要的是具有独立意识和能力。假若再沿用传统的评价标准，就会束缚子女的思想和行为，以致将来难以立足社会，适应社会生活。因此，应把独立意识和能力作为评价子女的重要标准。

民主平等的家庭关系。父母与子女之间的关系本身就是一种教育，对子女个性的形成有着重要作用。传统家庭里，家长往往是“一家之主”，地位特殊，权力极大，对子女有支配权，甚至能决定子女的前途命运。在这种关系下，子女很容易形成仰人鼻息、俯首帖耳、唯唯诺诺的个性，缺乏主见、主动性和创造性。而开放的现代社会需要培养自尊、自信、自强的性格。这就要求父母树立以子女为本的教育思想，尊重子女的合法地位和权益，注重运用民主的教育方法，建

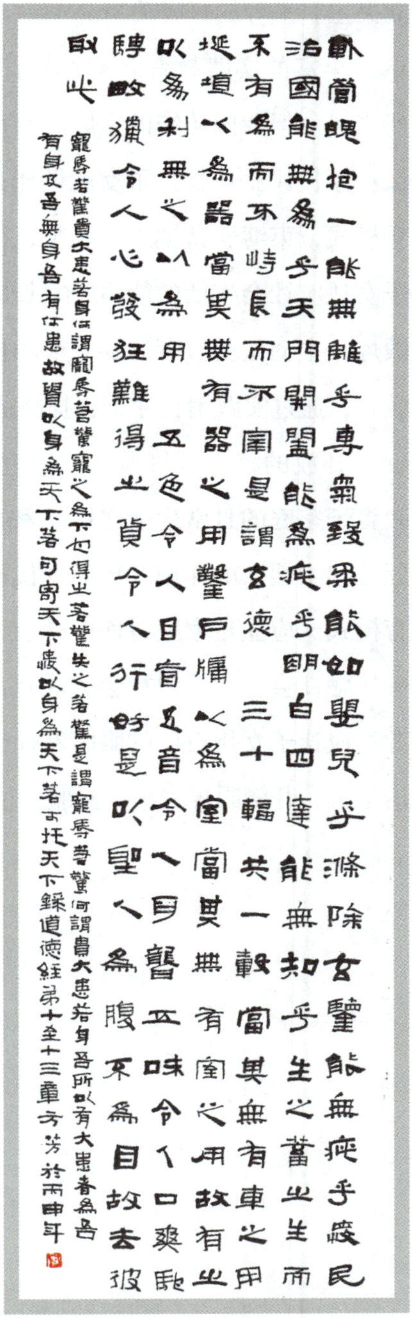

书画阅读　二等奖　方芳
安徽师范大学皖江学院

立民主、平等的家庭关系。

丰富的实践教育。家长教育子女，天经地义；子女接受家长教育，理所当然。但我国传统的家庭教育往往是灌输式的。家长说什么，子女就听什么；家长让做什么，子女就做什么，子女完全处于消极、被动状态。这种教育模式，束缚、禁锢人的头脑，很容易扼杀子女的主动性和创造性。为提高子女适应社会生活的能力，家长应解放思想，放手让子女在社会实践中经受锻炼，主动接受教育。要变被动接受家长的“言教”为主动接受社会实践的教育，通过实践增长才干，提高适应社会能力。

开放的家庭教育模式。家庭教育是一种生活教育，最显著的特点是寓教育于家庭的日常生活之中。家庭生活方式和家庭教育模式，对孩子的素质起着“型塑”的作用。培养现代素质，需建立现代的家庭生活方式和家庭教育模式。应立足家庭，面向社会，主动打开“家庭城堡”的大门，让子女充分接触社会生活，以社会为课堂，以社会生活为教材，有效利用社会教育资源。应让子女用自己的眼睛看社会，用自己的头脑思考社会问题，向社会生活学习，开阔眼界，丰富经验，了解社会，提高社会适应性。

（2013年9月1日　本文发表于《人民日报》）

最好的教育是人格的感染

鲁鹏程

最好的教育是人格的感染，是教育者人格魅力对受教育者的熏陶！教育者，既包括父母，也包括老师。

所谓人格魅力，是指一个人在道德品质、性格、气质、能力等方面具有强大的吸引人的力量。作为父母，想教育好孩子，自己必须首先具备人格魅力，这样才能吸引孩子，孩子自然也会受到父母人格魅力的熏陶。人格魅力是每一位父母都渴望具有的，但这需要不断地学习和历练才能成就。所以，无论您现在是贫穷还是富有，是普普通通还是颇有名望，都请通过学习提升智慧，通过练习放下自私，这样您才会和孩子一起成就魅力人生。

被誉为“千古良相”的诸葛亮是三国时期蜀国的大政治家、军事家和外交家。他“鞠躬尽力，死而后已”的高尚品格，千百年来一直被人们所敬仰和怀念。

这样一位忠君典范一直以崇高的人格修养熏陶着他的子女。他主张“勤以修身，俭以养德”，平时勤于政事、尽忠职守、刚正不阿，而且“言必信，行必果”。他自己虽贵为蜀相，但绝不依仗权位增值私产，封妻荫子。而且，他还经常把儿子送到艰苦的环境中锻炼。他绝不偏袒亲属，知道侄

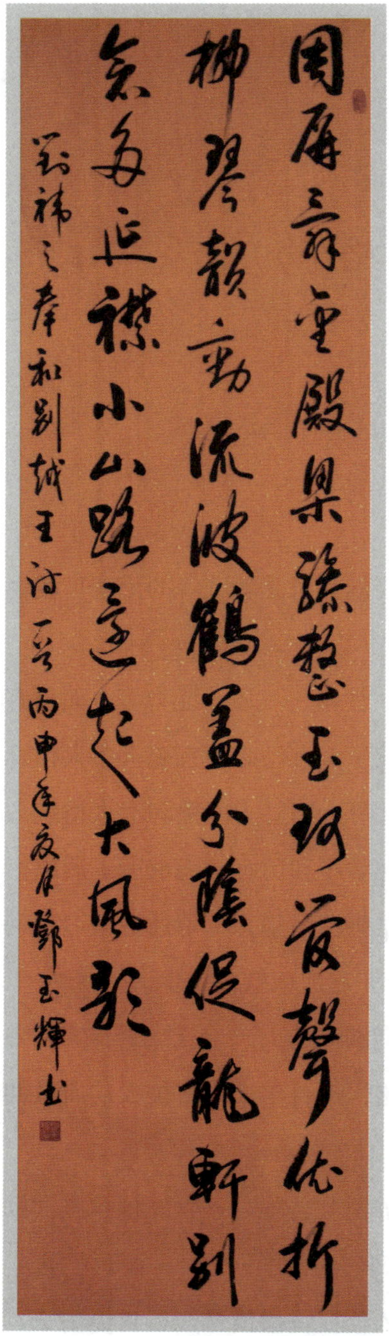

书画阅读　三等奖　邓玉辉
四川省达州市宣汉县胡家镇小学

儿无力担当重任，则主动要求将其调离。他认为只有在宁静中才能涵养身心，在淡泊中才能培养德行。他经常提醒儿女戒骄戒躁，“慕先贤”而立“高远之志”。

在他潜移默化的影响下，子女们都养成了公正、勤俭、坚韧的人格品性。长子诸葛乔成为蜀国大将；次子诸葛瞻尽忠报国，战死绵竹；三子诸葛怀终身不仕新主。诸葛后代各个都为国家做出了卓越贡献。

了解诸葛亮事迹的人，无不为他过人的智慧而赞叹，更为他鞠躬尽瘁、死而后已的精神而动容。生活中，我们肯定有过被某人的举动而触动心弦、为之敬佩的时刻，而这个时刻无疑是源于行为人一颗“无私”的心。

所以，与其说诸葛亮用他正直、勤奋、尽忠职守的人格魅力影响着他的子女，不如说他无私的心境感染着我们。因此，一个真正无私的人，一个肯为他人、为家庭、为社会、为祖国、甚至为人类心甘情愿奉献的人，所到之处，无时无刻都会散发出崇高人性的光芒。

也许，您会觉得这个标准高过实际。其实，当您在公车上把座位让给需要的人时，相信您是体谅到了他的辛苦；当您扶住正欲跌倒的小孩时，相信您是不想让他受到创伤；当您面对前来道歉的同事，您宽容的笑容和耐心的沟通是为了让对方不要太自责……

那么，这每一瞬间，哪怕只有一秒，那时那刻的您都是为了别人，这一刻就是光芒四射的一刻。我们每一个人都有这样的一刻，当一刻变成时时刻刻，您就是一个无私的人。您的人格魅力就会随处释放，孩子感受得到，家人感受得到，朋友感受得到，社会也感受得到！

人格魅力的具体体现是数之不尽的，这里列举一些有吸引力的品质，希望为人父母者可以从中得到启发。

有一颗孝悌、仁爱之心

孝悌、仁爱实际上一种简洁的说法，扩展开来，应该是孝悌忠信、礼义廉耻、仁爱和平。这是一个人的根，也是一个人具有人格魅力的根。如果没有这个根，想有好的人格魅力，那只能是空想。即使表现出了所谓的“人格魅力”，也仅仅像空中楼阁或海市蜃楼一样，看上去很美，但却不实。

所以，每一位教育者，无论是父母还是老师，要想对孩子施以最好的教育，首先就一定要做到这一点，如此，才会对孩子有真正的感召。当然，作为教育者自己，也一定会有好的家庭、事业和人生。

心胸开阔，笑脸迎人

上天赋予人类一个特殊的权利，就是“笑”，世界上有很少的物种有这种表情肌。曾在一个阳光明媚的午后，迎面一个骑着自行车的少女，她微笑着与我擦身而过。此时，她用表情告诉我：笑是人类最美好的语言。

当我们去一个服务场所，都不希望看到愁眉苦脸的服务员；当我们拖着疲惫的身躯回到家，都希望看到家人欢迎的笑脸；当我们清晨起来，都希望听到一句快乐的“早上好！”即使是困境中，我们都希望有积极乐观的信念注入……

别小看这一个表情，常常笑的人一定有健康、乐观、开朗的性格，一定有开阔、包容、豁达的胸襟。当我们微笑的时候，我们想到的一定是别人，而不是自己。

有敏捷的思维和准确的判断力

一个思维敏捷并能对周围事物做出准确判断的人，容易在大众中赢得威信，会有较高的魅力指数。而这种能力是在长期的自我反省中培养出来的。面对身边的大事、小事，如果我们不仅仅看表面而人云亦云，而是从结果去找原因，再从原因中发现自己的问题，此时，您体会到的不仅是事情清晰的脉络，更会理解对方。长此以往，“有容乃大”的魅力会渐渐融入您的生命中。

善于控制和支配自己的情绪

有这样一句非常有哲理的话:“掌握情绪才能掌握未来。”没错，往往事情发展方向就被一个小小的情绪所支配。这里的情绪就是冲动，我们可能会在一气之下做出什么行为，此时，我们只想着要出气，而不会考虑事情的后果和对方的感受，而这种不理智会把我们推向未知的深渊。

所以，当我们特别想发火的时候，忍一忍；当我们特别想怒吼的时候，忍一忍；当我们特别想表现自己的时候，忍一忍……忍住之后，平静下来的理智是清醒的，是利于双方的，是可以让人信服的。

具备坚强的意志力

如果一个人有坚强的毅力，他自然是被尊敬和佩服的。看看残运会的运动员们，他们残缺的身体并没有掩盖住他们顽强的意志。在他们的人生中，坚强、忍耐、不懈的奋斗都是不可或缺的内力。而我们健全人，请在选定了人生目标后，不轻易放弃，路途中会有坎坷，但那一定是我们走向成功大门的钥匙，相信坚定的毅力会为我们人格的完善增加一道光环。

父母"败"在漠视孩子的权利

关　颖

这些年，越来越多的家长感到教育孩子不容易，遇到很多头疼的问题，也因此有不少的自卑情绪。

最近，影视演员胡军在带着儿子录制《爸爸去哪儿》之后，进行了一番"自查"：他对儿子常常"扮黑脸"，最严厉的惩罚是关禁闭；儿子对他，没有崇拜只有嫌弃。就连许多观众津津乐道的"萧峰"盖世豪侠的风范，也被儿子形容是"披了个长头发，穿个破浴巾"。他感叹"从前儿子怕我，因为只有我在家里能惩罚他，而且惩罚挺狠的，所以说当我觉得我说句话对于他而言是管用的，其实他是一种害怕。"胡军说自己是"不及格爸爸"。

这让我想到几年前我主持的一项对天津市千余名家长的调查，有68.1%的受访者说自己是"失败的家长"。对自己履行职责方面认可度如此之低，与家长们在孩子教育中屡屡出现问题、遇到挫折有密切的关系。在调查中我们了解到，近八成的孩子在不同方面、不同程度上有让家长烦恼的事。按照家长所选比例多少排序依次是：做事缺少自信心、太贪玩、依赖性强、太任性、学习不努力、自理能力差、看电视上网没有节制、不听家长话、脾气不好、缺乏创造性、行为习惯不好、身体不好爱生病、不跟家长沟通、与别的

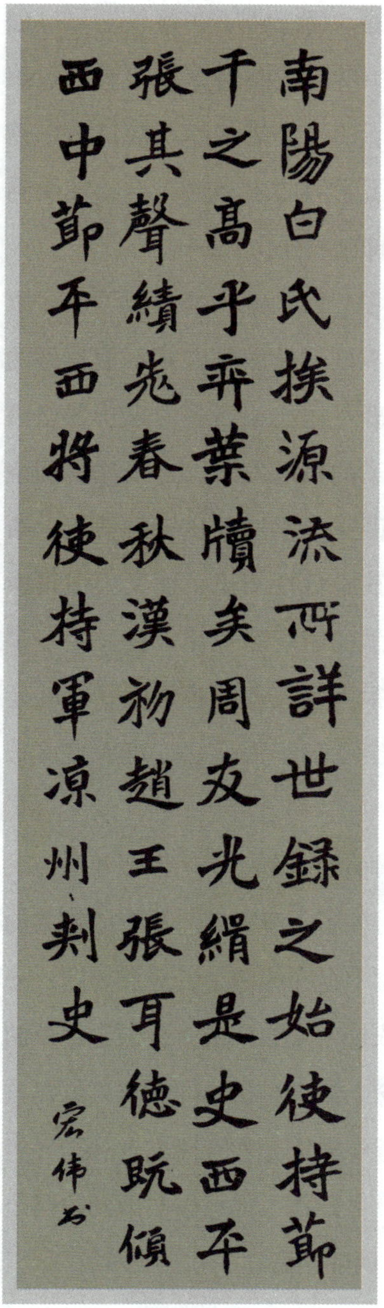

书画阅读　三等奖　李宏伟
中国电建水电六局三分局

孩子攀比、不合群等等。这些令家长烦恼的事，共同反映了在孩子教育中的几个值得思考的问题：

一是是否依据孩子的特点和发展规律教育孩子？比如“贪玩”是孩子的特点，许多家长设法让孩子少玩、不玩，把孩子的特点当作缺点去纠正，而没有看到玩对孩子成长的积极作用、把功夫下在引导孩子处理好玩与学的关系上，自然是孩子不悦、家长烦恼。

二是在教育孩子中是否注重激发孩子的潜能、调动孩子自我管理的积极性？比如一些家长对孩子的事包办、替代过多，孩子缺少自己动手、独立做事、自我管理的机会就很难建立自信心，而习惯于依赖家长，自理能力差就不可避免，家长“受累不讨好”也就在所难免。

三是是否重视孩子的成长过程而不是单纯地注重结果？比如一些家长对孩子“学习不努力”的评价和由此带来的烦恼，往往是由于孩子考试或作业分数不理想，或者由于家长不愿意孩子做学习以外的其他事而产生

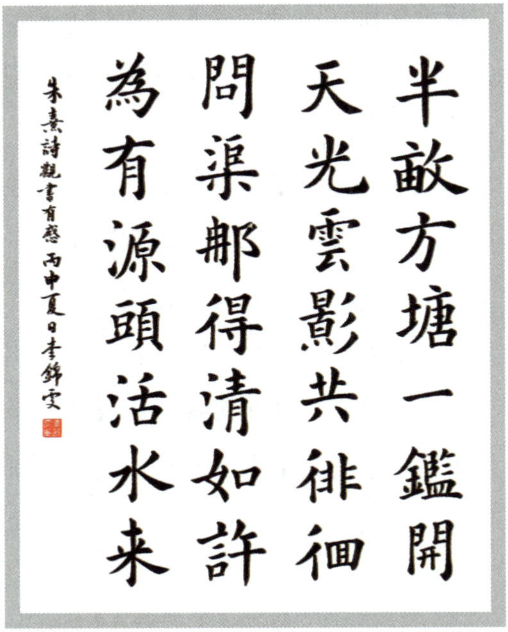

书画阅读　三等奖　李锦雯
中国南方航空股份有限公司机务工程部

的，而忽略了在孩子学习过程中的自我参与，不善于发现孩子的微小进步和积极付出，孩子学习的主动性、自觉性受到抑制或挫伤。

四是家长是否做了许多本不该家长做或者并不擅长做的事？比如相当多的家长忽略孩子的长远发展，过于注重围绕课堂教学辅导孩子的学习、给孩子传授知识，而又不懂得教学的特点和规律，往往是下了很大工夫却很难见效，有时还会让孩子很反感，进而自己很是自卑……

表面上看，家长的烦恼是由孩子的问题而产生的，多一些思考就会发现，孩子的问题常常是父母“制造”的，是对孩子了解不够、认识的扭曲的结果。胡军的检讨恰恰反映了家长在孩子抚育中存在的两个普遍性问题：一是漠视儿童的权利，比如关禁闭、打孩子是依仗大人的权威对孩子生存权的侵害；二是自身素质的缺陷，比如在教育观念上缺少对孩子的尊重，惩罚孩子的方法有欠科学，只会使用暴力。其实，近年来家庭教育研究者和指导者罗列的家长教育孩子的“误区”、“罪状”、“硬伤”都可以归因到这两个基本点上，这也是家长“不及格”、“失败”的症结所在。

家长如何认识孩子、怎样提升自己，是家庭教育的基本问题。从孩子的角度来说，他们需要大人的呵护、引领，父母所做的一切都是为了孩子的生存和发展。尊重和保护孩子的生存、发展、受保护、参与等基本权利是抚养教育孩子的底线和基本内涵；从父母的角度来说，履行自身对孩子的职责，就是对他生存和发展权利的保护。教育观念、教育方法和教育能力构成父母基本的教育素质，是否正确、科学，能否灵活运用，决定家庭教育的方向和效果。

以孩子为本，尊重和保护儿童权利，是家庭教育之道。家长强化这一现代社会具有理论意义又有现实价值的核心理念，具有在更高层面认识家庭教育问题的视野，才能更好地运用家庭教育方法，提升解决孩子问题的能力，进而走出“失败”的阴影。

（2015年9月24日　本文发表于《中国妇女报》家教周刊）

培养孩子情商的五个步骤和两个要点

孙云晓

轻视孩子的情绪健康，是一个普遍存在的教育误区。

高情商是训练出来的

如果一味掩藏或转移孩子的情绪问题，久而久之，这些没有解决的问题就成了垃圾，成了各种心理问题的根源。

父母与孩子之间的情绪交流，将对孩子长期的发展产生更大的影响，使其养成一种特别的智商：一种处理周围人际关系、掌控自己情绪的智商，即情商。

每次看到孩子出问题的媒体报道，惊叹的同时，往往会伴随着困惑：那些不幸的父母，人品似乎没有明显缺陷，教育孩子也很严格，怎么就会摊上这事呢？而培养出成功孩子的父母，往往极其普通，他们有什么魔法，也常常令人难解。

就绝大多数情况而言，我从不怀疑父母对孩子的爱，甚至认为父母之爱是家庭教育最重要的动力。但怀揣一颗爱心的父母也需要反思，孩子究竟需要什么样的爱，究竟什么样的爱最有利于孩子的健康成长？

轻视、压抑和放任都可能酿成悲剧

按照美国华盛顿大学心理学教授、情绪管理训练创始人约翰·戈特曼博士的研究，父母们大致可以分为四种类型，即轻视型、压抑型、放任型和情绪管理训练型。

轻视型父母，就是为孩子的负面情绪关上发泄的大门。典型案例是1996年4月，7岁的杰西卡在尝试成为飞越美国的最年轻飞行员时，她乘坐的单引擎飞机不幸坠毁。据《纽约时报》报道，杰西卡的妈妈平时不允许女儿在话语中使用“害怕”、“恐惧”、“难过”等负面词汇。“孩子是无畏的，”她认为“无畏是孩子的天性，恐惧是大人后天植入他们体内的。”女儿遇难后，在接受《时代》周刊采访时，她说:“我知道大家现在想要什么。眼泪。但我不会那样做。情绪是非自然的，是不真实的。”

在怀俄明的暴风雨中起飞的杰西卡和飞行教练，在飞机迫降时是否依然掌控飞机，我们已经不得而知。但如果杰西卡的家人平时允许她表达心中的恐惧，如果能思考他们让飞行员在风雨交加的天气里起飞是否明智，或许这场悲剧就能得以避免。

这些年来流行的“虎妈”、“狼爸”之类所谓教育经验充分说明：轻视孩子的权利，轻视孩子的情绪，轻视孩子的身心健康，还是一个普遍存在的教育误区。中国目前存在6000多万留守儿童，没有亲人照看的独居儿童多达200多万，可见对儿童的轻视达到何等惊人的程度。据多项调查显示，留守儿童偶尔与远在城市打工的父母通话时，父母往往只问学习成绩和吃饭怎么样，很少听孩子诉说生活的难题和心中的烦恼。实际上，忽视孩子内心世界和情绪变化的问题，即使在生活条件优越的城市家庭也比比皆是。

压抑型父母与轻视型父母有类似之处，他们不只忽略、否定或缩小孩子的负面情绪，还压抑这种情绪，结果他们的孩子常常因为表达悲伤、愤怒或恐惧等情绪被斥责、管教或惩罚。为了保护孩子免受情绪上痛苦的折磨，这些父母会刻意避免或叫停那些可能带来眼泪或坏脾气的情绪共享时刻。比如，以培养坚强男人的名义，对表达恐惧或悲伤之情的儿子进行惩罚；以养育善良女人的名义，要求女儿把愤怒往肚子里咽，强颜欢笑。到最后，这些策略的效果适得其反，因为这些孩子错失了体会自己情绪的经验，不懂得如何有效应对情绪，所以长大后对生活的重重挑战毫无准备。

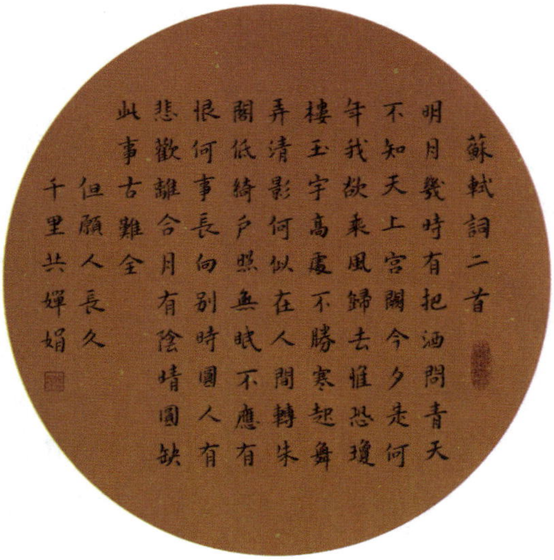

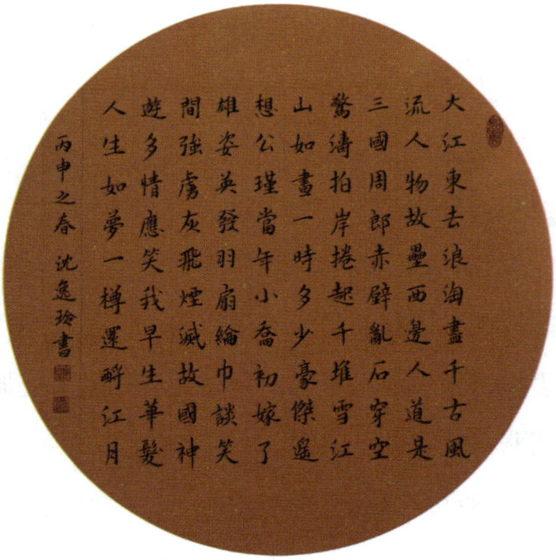

书画阅读　三等奖　沈逸玲
福建省诏安县供电有限公司

类似案例在中国不难见到。比如已被处决的大学生杀人犯药家鑫，就生活在一个典型的压抑型家庭。据他本人诉说，他被父亲逼着在地下室练琴，弹不好就不许出来也不许吃饭，甚至经常挨打，于是他非常害怕犯错误。所以，车祸发生时，他最害怕的就是被人缠上，因而持刀杀人。由此可见，心中的负面情绪如果不能及时释放和疏导，其危险不亚于一颗炸弹。

什么是放任型父母呢？他们接受孩子的情绪，不论孩子表达何种情绪，他们都会急切地表示无条件认同。但问题是，放任型父母通常缺乏指导孩子应对负面情绪的技巧，或者根本不愿意这样做。面对孩子的感受，这类父母采取的是不干涉的态度。他们把应对愤怒或悲伤等情绪，简单地当成一种压力的释放：让孩子表达出自己的情绪，父母的使命似乎就圆满完成了。

值得注意的是，近些年来，由于对现代教育理念的片面理解，中国许多父母崇尚所谓自由的教育，给孩子无边无际的自由，却没有基本的规则和要求。例如，著名歌唱家李双江梦鸽夫妇屡屡放纵孩子，导致未成年孩子涉嫌犯罪，就是一个影响广泛的典型案例。

显然，问题孩子往往出自轻视型、压抑型、放任型的家庭。这三种类型的家庭教育犹如三面镜子，请父母们经常自觉地照一照，真正做到引以为戒。

要与孩子共情，又要分清界限

无论是成功还是失败的案例，都反映出家庭教育的共同规律，即决定父母教育孩子水平高下的，不是文化素质也不是经济能力，而是教育素质，即教育观念、教育方法和教育能力。约翰·戈特曼博士所推崇的情绪管理训练型父母，就是教育素质高的父母。

情绪管理训练型父母和放任型父母有某些相似之处——无条件包容孩子的感受，不会忽略或否定孩子的感受，更不会因为孩子表达情绪而轻视或嘲弄他们。然而，二者最大的不同是，情绪管理训练型父母担当起孩子情绪世界导师的角色。他们不只接纳孩子的情绪，更对不当行为划定界限，教孩子如何调整情绪，找到合适的表达方式。

约翰·戈特曼博士认为，情绪管理在婴儿期、幼儿期、幼童期、少年期和青春期有不同的训练要点，父母要抓住情绪管理训练的5个关键步骤，指导他们解决问题。

在我看来，情绪管理训练最为紧要的是两个关键点，其一是共情，这是打开孩子心扉的钥匙，也是情绪管理训练的基础。其二是分清是非界限，这是引导孩子成长的指南，也是解决问题的根本。

奥妙在于，共情与分清界限是相互依存、密不可分的。

关于家庭教育，我的基本观点之一是好的关系胜过许多教育，甚至可以说，关系好坏决定教育成败。而关系好的前提就是共情，即充分理解他人的感受，有知音的能力。好父母永远跟孩子是一头的，因为共情能让孩子把父母当成自己的盟友，而非旁观者。

接纳孩子的情绪，才能指导孩子的行为

或许有很多人会质疑与孩子共情的父母，教育原则哪里去了？其实，接纳孩子的情绪不等于接纳孩子的行为，而只有接纳孩子的情绪才可能指导孩子的行为。

前不久，联想集团第二次请我为职工举行家庭教育讲座。交流中，我发现该集团一位女职工很会引导孩子。她读中学的女儿去美国参加夏令营活动，身上只带了300美金零花钱，而有些同学带几千美金，花钱大手大脚，还讥笑她是穷光蛋。女儿回家后很郁闷，母亲与其聊天，表示理解女儿的感受，但母亲问女儿：你们花的钱是自己挣的吗？靠挥霍父母的钱来炫耀是本事吗？学生之间应该比什么呢？女儿顿悟，如释重负。后来，勤奋努力的女儿以优异成绩考入香港大学并获得了奖学金。

这位母亲的成功经验，就是接纳孩子情绪，并且划清界限，指导孩子解决问题。如约翰·戈特曼博士所说，孩子与家人在情绪上的互动，能成为培养良好价值观的基础，进而培养有道德观念的个人。

我赞同哈佛大学教授罗斯·派克的观点，人的发展有两个方向：一是亲密性，二是独立性。母亲在培养孩子亲密性方面具有天然的优势，父亲在培养孩子独立性方面具有天然的优势。进一步想想，教育的核心是培养健康人格，而情商恰恰是人格最自然、最深厚，也是最圆润的部分。发展亲密性和独立性都与情商密切相关，情商低下就没有真正的亲密性和独立性。

家庭是培养习惯的学校

孙云晓

父母都希望孩子成为一个人才，甚至成为一个杰出人物，往往把许多人生经验告诉孩子，以至于成了唠唠叨叨的人。其实，父母做了什么比说了什么给孩子影响更为深刻，因为孩子容易接受的是形象的影响，而不是抽象的说教。

讲课的时候，我经常举李红的例子，北京2008年举办奥运会的时候，她是国际奥委会驻中国的首席代表。当记者们问她何以如此成功？她幽默地回答说，她是从小跑步一直跑进奥委会的。在李红成功的背后，是父亲教育奠定的基石。

当然，也有相反的情况发生，但父母尤其是父亲的稳定行为一般都会对孩子产生潜移默化的影响，有些还会使其终生难忘。

家庭要过健康的生活、文明的生活、和谐的生活，才有利于孩子的健康。

除了要重视养成运动的习惯，父母特别要培养孩子养成读书的习惯。孩子养成读书的习惯，等于在他心里装了一部成长的发动机。养成读书的习惯，人就一辈子不寂寞；养不成读书的习惯，人一辈子不知所措。

小孩子读书不是读书，而是吃书，吃进去了，渗透到他的血肉和骨骼。所以说衡量一个家庭是不是一个有利于孩子成长的家庭，可以看这个家里有没有读书的氛围。父母读书多，孩子读书也多。想想看，有没有可能多带孩子逛几次书店，带孩子逛书店比逛商店更有益处。

儿童教育就是培养好习惯。乌申斯基说，习惯是人的行为的反射。反射是可以改变的。也就是说，可以培养好习惯，也可以养成坏的习惯。

习惯的养成是一把双刃剑。搞不好习惯的养成也可能成为伤害儿童的过程。所以对待儿童的习惯养成，父母要小心翼翼的，不要定过多清规戒律。我们研究的是少年儿童的行为习惯与人格的关系，是研究与健康人格的形成有益的行为习惯，不要那么机械，要尊重不同的人之间存在的差别。

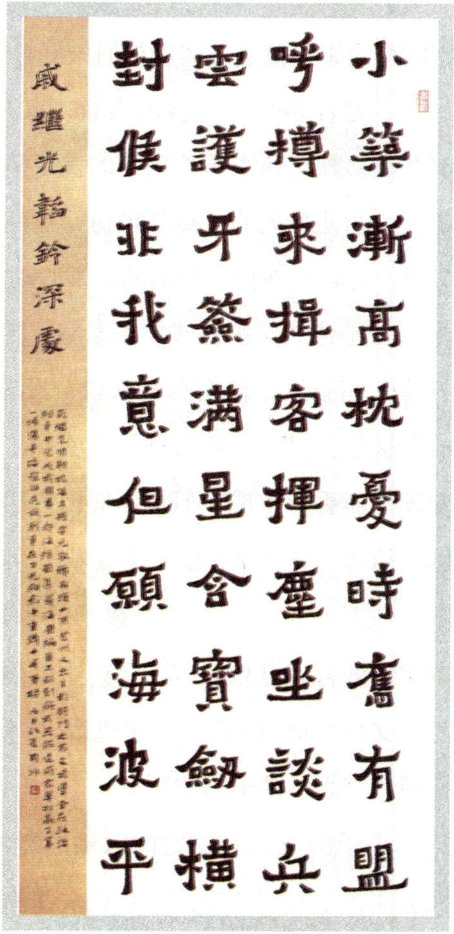

书画阅读　三等奖　周冰
湖南省常德市武陵区常蒿路小学

不同的人有不同的需要，因此习惯也是会有差异性的。比如说有的人习惯于桌子上摆得很整齐，有的人桌子上就似乎有点儿乱。我属于后者。我桌子上不是很整齐。这是个性差异，不妨碍别人。

不妨碍别人的习惯不要干涉。

从不同家庭出来的孩子，带着不同家庭鲜明的烙印。父母不培养习惯，也是在培养习惯，父母是在用自

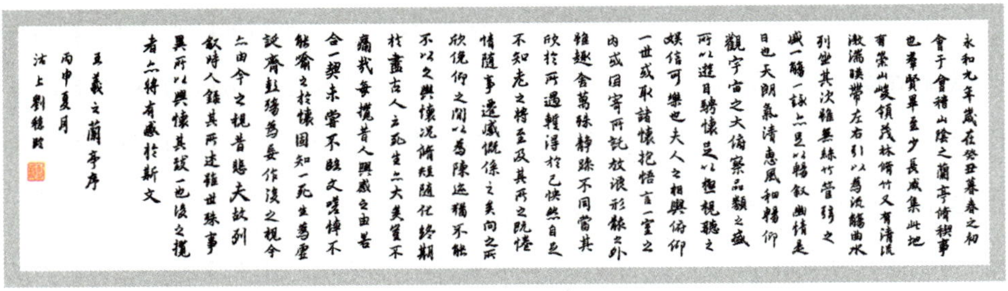

书画阅读　优秀奖　刘稳　北京铁路局塘沽站

己的行为影响孩子。父母如何做好自己的角色，可以参照以下几点建议：

一是注重言传身教的力量。父母是孩子最好的老师，父母的一言一行都在潜移默化地影响着孩子的言谈举止。父母很多时候都在充当孩子的“镜子”，幼儿最大的特点是模仿，他们会照着父母的样子来塑造自己。所以父母要注意自己在孩子面前的一举一动，给孩子树立良好的榜样。

二是建立民主权威性的家庭氛围。在孩子幼年时期，父母的教育易被孩子接受和服从，他们总喜欢说：“我爸爸是这样说的”、“我妈妈是那样做的”这是父母天生所具有的权威性。父母要合理运用这一权威，不能因为溺爱孩子而丢掉权威，但也不能因为权威而专制对待孩子，而是要尊重孩子，刚柔相济，宽严结合的民主权威性家庭的孩子更容易成才。

三是注意父母情绪对孩子的影响。由于父母与孩子间亲密的关系，所以父母的喜怒哀乐对孩子会产生强烈的感染作用，父母高兴时他们也会很开心，父母焦虑时他们也会很恐慌。所以父母要注意为人处事时的态度，避免负面情绪影响孩子的健康成长。

孩子的成长受家庭的深刻的影响。亲子关系是深刻影响孩子的第一个社会关系。孩子通过跟父母的关系看世界、看社会、看未来。什么是男人、什么是女人、什么是幸福、什么是真善美……都是亲子关系给他的深刻的影响。

离婚可能是好人跟好人之间的矛盾，好人跟好人之间的矛盾也是深刻的。我看了电影《克莱默夫妇》后，很受感动。如果我们的父母能注意自己平时的言行，那么也许离婚这样的“大事”对孩子的消极影响也许就不那么大了。

教育一定要讲人的真实世界，要培养一种具有可迁移价值的东西。

我们当然要培养孩子尊重别人、微笑待人。比如说见人要问好。一个人早晨见了10个人都问“您好”，一上午的心情都好；如果你见了10个人都冷若冰霜，毫无表情地走过去，恐怕你的心情也不会太好。一会儿你去找其中一个人说事，彼此都可能感到奇怪，很不自然。

你如果培养出尊重别人的特质，你就不仅仅会对别人微笑。你会设身处地、善解人意地经常为别人着想。比如说你要是尊重别人，到别人家去的时候，你提的包就不能放到别人的桌子上。卫生常识告诉我们，很多人的包东拿西放，会沾上很多细菌，而桌子是人家吃饭或工作的地方。你不担心给别人带来不便吗？那么你的包最多只能放在椅子上，甚至是地上。这个道理是中国人民大学社会学教授沙莲香女士讲述给我们听的，而她本人正是这样做的。

在很多方面都注意尊重别人并养成习惯，这样的人，这样的孩子长大了就是一个受欢迎的人，一个有良好气质的人。

品味书香

书　　名：引导的智慧：对家庭教育的思考
作　　者：吴惠强 著
出 版 社：浙江教育出版社
出版时间：2009 年 10 月

[鉴赏导读]

本书延续了“十万家长点评家庭教育案例”的思路，把报道中的家庭教育事件及当时的建议作为“案例”，再作一次反思，再进行一次点评。作者坚信，没有反思就没有家长的家庭教育智慧的形成，引发家长积极主动的反思是家庭教育指导的最大成功。基于这样的认识，作者选择了60篇有代表性的报道，把它分成七个方面，涉及亲子关系、心理健康、学习引导、规矩养成、教育衔接、教育能力、教育观念等。在每一篇文章的前面又添了一个总的阐述，阐述了其对家庭教育的理解。

家庭教育考验的是父母的智慧。正如本书封底所言，“这不是一本教你怎样教育孩子的书。这是一本帮你反思自己的家庭教育实践的得失，并形成自己的家庭教育想法和策略的书，是一份帮助你提升教育智慧的材料。”通过家庭教育中具体的案例，引发了我们对亲子关系、心理健康、学习引导、规矩养成、教育衔接、教育能力、教育观念七个方面的思考。

家庭教育，涉及方方面面，家长不是命令的发出者，更多的只是方向的引导者，引导的智慧一是通过多阅读，二是通过多思考，三是通过多实践来实现。阅读本书，你将成为智慧的父母！

家庭教育

要先

悟道而后谋术

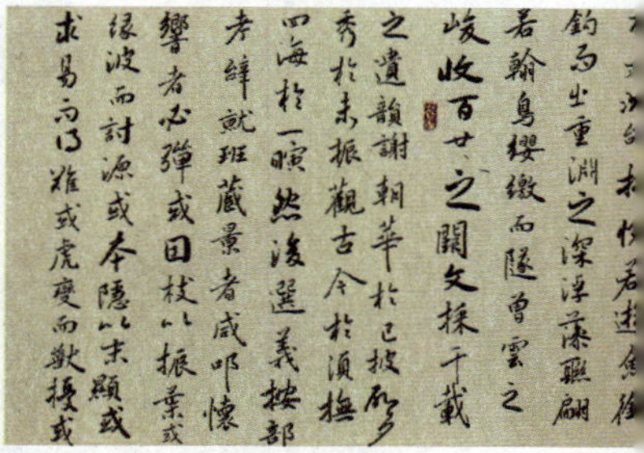

书画阅读　二等奖　孙慧芳　海南电网有限责任公司澄迈供电局

家庭教育要先悟道而后谋术

关　颖

这些年，家长们在教育孩子上不可谓不下工夫。人们努力寻找解决孩子问题的“良方”、“秘籍”，以致对某些“专家”、教子成功的“名人”、社会教育机构趋之若鹜，追随或效法的结果并非都尽如人意。常常是钱也花了，工夫也下了，却是事倍功半甚至一无所获。越来越多的家长感到教育孩子不容易，遇到很多头疼的问题，也因此有不少的自卑情绪。我曾在对天津市千余名家长的调查中了解到，有68.1%的受访者说自己是“失败的家长”。

我们也时常看到一些家庭教育的研究者和指导者批评家长，什么中国家庭教育“八大误区”、“十大硬伤”、家长的“九大罪状”之类的概括不胜枚举。

在我看来，人们总是纠结于孩子问题的细枝末节，着力寻找、运用各种解决方法，而缺乏站在更高层面认识问题的视野和举一反三的能力，更缺少现代社会具有理论意义又有现实价值的核心理念，在孩子教育实践中茫然、困惑、遇到问题不知所措便不足为怪了。而家庭教育指导最大的问题是迎合家长解决孩子具体问题的需要，缺少对家长自身教育素质提升的引领、帮助。重术而轻道是家庭教育问题的症结所在。

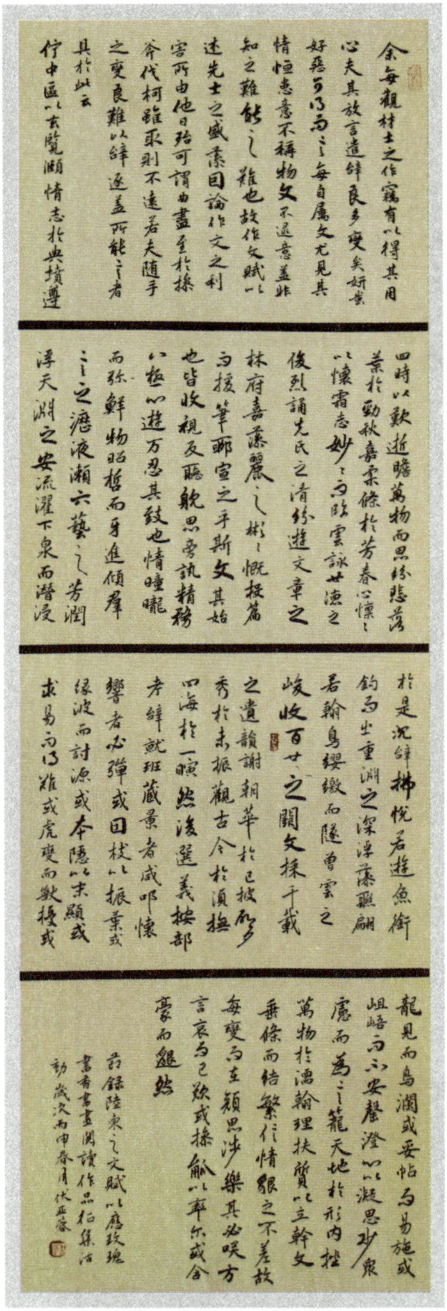

书画阅读　二等奖　伏亚蓉
四川省巴中市巴州区第九小学校

我记得前些年，某“专家”的赏识教育报告火了一阵。一位朋友对我讲了这样一件事：她同事的女孩上初二了，学习很一般，妈妈整天数落她。在听了报告后，妈妈学会了夸孩子。一天，女儿数学测验考了80分，做好了回家挨批的准备，没想到妈妈不但没说她，还夸奖说“太好了，比上次提高了2分呢！”女儿心里很高兴，心想，我妈听了报告还真的变了。过了些天又测验，女儿又没考好，只得了75分，挺内疚地告诉了妈妈。没想到妈妈又说：“太好了，你真棒！还差25分就100分了！”弄得孩子丈二和尚摸不着头脑，对我这位朋友说：“我妈神经病！她什么意思啊？”

母亲改变数落孩子的做法，学着夸孩子没错，但是没有领会赏识教育的本质是什么，没有悟出其中的道理，不分对象、不顾具体情况机械地模仿，不可能达到理想的效果。就赏识教育而言，实际上是激励孩子的一种方法，目的是通过对

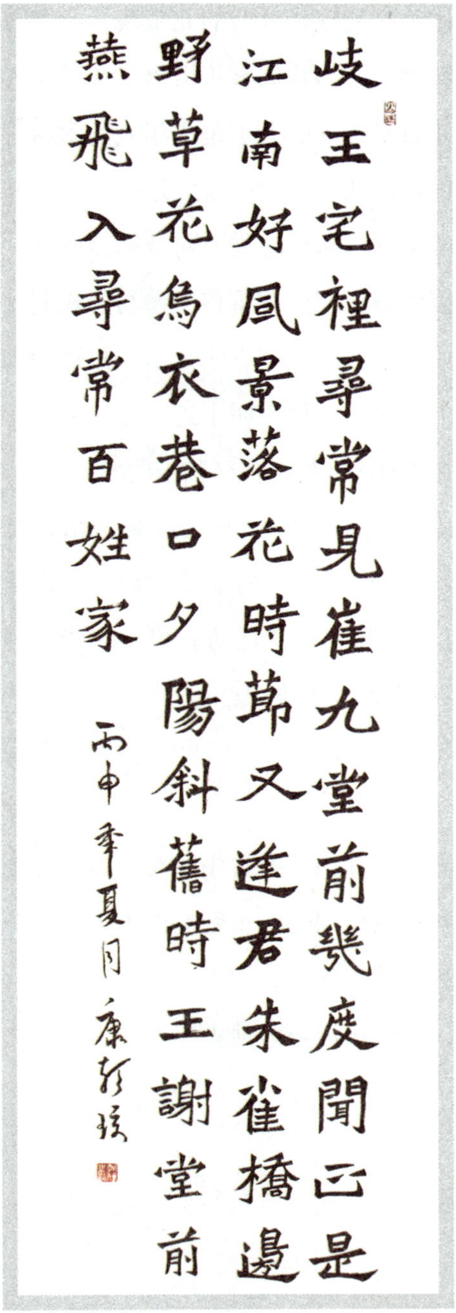

书画阅读　三等奖　康朝琼
四川省达州市宣汉县峰城中学

孩子身上的小的闪光点的“正强化”，激发孩子做得更好的内在动力。其中传导的家庭教育理念是以孩子为本，注重教育活动中孩子的参与。至于在某个具体事情的处理上是通过表扬、奖赏、鼓励等哪种手段、用什么样的语言来表述，则并无统一的、既定的模式。因为孩子不是一个模子扣出来的，再好的经验、再科学的方法、再美好的语言表达，也要靠父母在教育孩子的实践中灵活运用。只有懂得其中的真谛，适当的方法作用于自己的孩子才能产生积极的效果。所以说，教育孩子没有什么通用的术，关键是在探索中悟道。

通常来说，“道”是事物发展的根本、是本源和机理，“术”是运用道的策略和方法。道决定术、统领术，是术的灵魂；术反映道、服务于道，是道的手足；道是术的升华与提炼，没有道，术就会变成无本之木、无源之水。

大道至简，而术则五花八门、不胜枚举，家长在孩子教育中以道御术是关键。比如，孩子是一个权利主体，这是现代社会的儿童观，“尊重和保护孩子的权利”的理念就是家庭教育之道。当我们真正悟出了孩子是人不是物、儿童的发展是一个渐进过程、儿童是独立的人不是成年人的附庸等等这些关于儿童权利的基本道理，强化这样的认识，就能自觉地摆正自己与孩子的关系，就会减少或避免无视孩子的生命权对他忽视、对他随意施暴，就会接纳孩子的不成熟，而不是试图拔苗助长，就会尊重孩子参与的权利，在决定孩子的事情时倾听孩子的声音……而采取的具体方法是术，是道的细化。道不明，术再多而偏离方向反而得不偿失。父母们明了道，才会在教育孩子的实践中灵活运用、并发现和创造更多的适合教育自己孩子的术。

术可学，而道靠悟。悟道不可能立竿见影，切忌急功近利。悟道是在学习的基础上通过教育孩子的实践洞察和感悟教育的本质和规律，内化为自己的理念，这是一个自我修炼的过程，并非一日之功。修道深浅，也取决于视野、阅历和文化水平。那些自称有教子“秘籍”、“绝招儿”的“伪专家”之所以轻而易举就把众多家长忽悠了，与人们重术轻道、悟道不深不无关系。

悟道与谋术，两者缺一不可、相辅相成。在孩子教育中，有道者才能把握方向，做正确的事；有术者才会有效解决具体问题，正确地做事。从这个意义上说，悟道比谋术更重要。父母在教育孩子的实践中不断感悟，提高自身的教育素质，当面对孩子问题的时候，才能积极巧妙地去应对，走出“失败”的窘境。

（2015年9月25日　本文发表于《中国教育报》家庭教育专刊）

鼓励为主，积极诱导

赵忠心

小孩子是免不了要犯错误的。犯了错误，怎么做才能有效地促使其改正？如何抓住这个“教育的契机”加以引导，这是值得家长认真思考的问题。

我先讲一个小学老师教育“犯错误”小学生真实的故事。但孩子的家长也可以参考。

不同的态度，不同的结果

有两位小学老师，发现学生的作业做得很不认真时，采取的是决然不同的两种态度，效果也大相径庭。

其中一位老师发现某学生作业写得特别潦草时，非常生气，一气之下，就在学生的作业本上，这样写批语道：

“某某同学，你的作业太乱，做得极不认真！你必须给我重写一遍！”

那学生拿到作业本，一看老师的批语，立刻皱起了眉头，愤愤地小声嘀咕道：“这个老师真厉害，要我再做一遍！这不是在惩罚我吗？没辙，写就写！”

愤恨归愤恨，但师命难违，再不愿意重写，也得重写。孩子迫于老师的压力，不得已而为之，并不情愿。结果，重写的比第一次好不了多少。

而另外一位老师却是另外一种做法。当老师发现该同学同样糟糕的作业以后，虽然也很生气，但他却克制住了不满的情绪。他认为，该学生不是不能写好，是态度不认真。于是，这位教师给学生写下这样的一段批语：

“某某同学，你的作业太潦草了，不符合要求，要重写。我知道，要你重写，你是不大乐意的。可为什么我还要坚持让你重写呢？因为老师相信你能写好，你第二遍，肯定会比第一遍写得好得多。老师绝对相信！”

老师批语的字里行间，使学生似乎看到了一位严明而慈祥的老师，感到一种期望、信任，使学生受到很大的激励，便痛快地、认真地重写了一遍。正如老师所期望的那样，写得相当好。第二天，老师当全班同学的面表扬了那个学生。

后来，那个学生的作业一直写得很好，并对那位老师从内心产生了极大的好感。

星星之火，可以燎原

为什么在同一个孩子身上，教育效果决然不同呢？前一个教师的批语是训斥，给孩子的是压力，是惩罚，引起的是反感；而后一个教师的批语是信任，巧妙地运用了以鼓励为主的教育艺术，给学生的则是期望，是动力，引起的是愉悦的感受。差别就在这里。

这虽然讲的是小学教师教育学生，但这种教育艺术也适用于孩子的家庭教育。不管孩子表现如何，都要尽可能在孩子身上多发现优点和长处，在优点和长处上多做“文章”，大做“文章”。我相信，会产生意想不到的积极的效果的。

对孩子要求严格，有缺点、错误从不放过，这是对的。但不能把批评当成主要的或唯一的教育手段。任何孩子身上总是有积极因素的，或大或小，或多或少，总有所长。就是孩子身上这些在家长看来微不足道的优点、长处，却是难能可贵的，往往是我们调动他们的积极性，激发他们的自尊心、自信心和上进心的不可多得的积极因素，是点燃他们内心上进之火的火花。

“星星之火，可以燎原。”只要我们及时发现并且紧紧抓住孩子身上的这星星点点的“火花”，就很有可能燃成“燎原大火”，极大地激发孩子的自尊心和上进心，一发而不可收。

孩子都是有上进心的，包括那些缺点、毛病比较多的孩子，希望能得到表扬、肯定、赞许。当他们因为进步或做了好事受到表扬、肯定、赞许的时候，都会在情绪上得到满足，在精神上受到激励，思想上产生快感。这样，积极的内心体

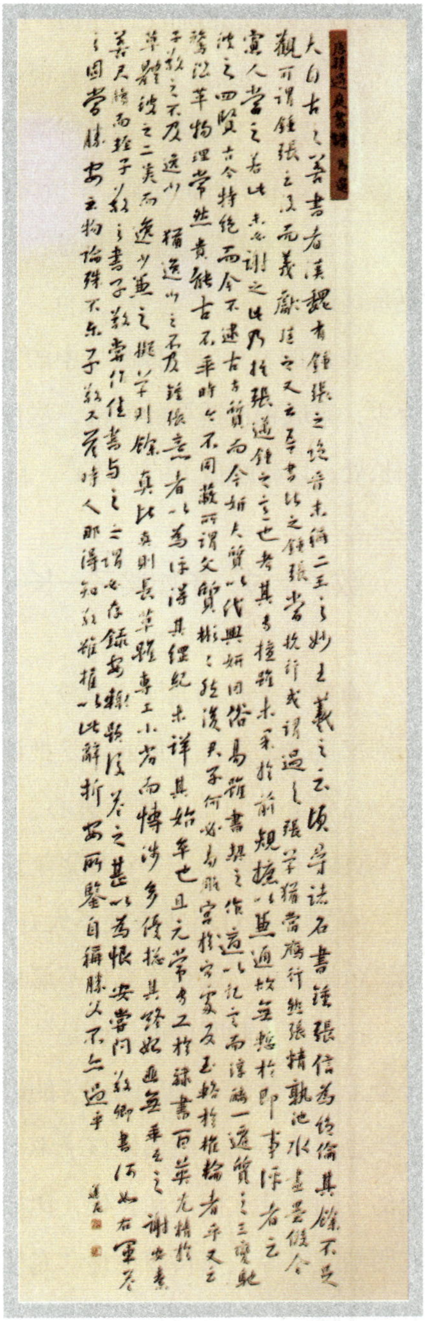

书画阅读　二等奖　王莲花
河南省南阳市淅川县第二小学

验就会逐步丰富和加深，从而产生再进步或再好事的欲望。就是我们这些成年人，虽说一般在口头上并直说希望得到什么表扬、肯定和赞许，就是不表扬、不肯定、不赞许，也无所谓。说是这样说，但任何成年人当受到了当众表扬、肯定和赞许的时候，一般都“满脸通红”。

“满脸通红”是什么意思？不就是“热血沸腾，内心激动”吗？小孩子更是这样。

正确的教育应当像故事中的第二位老师那样，坚持以表扬、鼓励、奖励为主，采取积极诱导的方法，尽量多地发现并且充分肯定孩子的优点、进步和长处，以激励孩子的自尊心、自信心和上进心。

数子十过，不如奖子一长

有的孩子在幼儿园或学校，老师表扬、鼓励、奖励，从来没有他的份；回到家里来，家长一见面就是批评、训斥、谴责。长此以往下去，孩子就会丧失自尊心、自信心和上进心，从而破罐破摔。这种情绪一旦占了上风，“哀莫大于心死”，一个人没有了精神支柱，就难以教育好了。

特别是面对那些表现不大好，经常捅娄子、惹祸的孩子，家长尤为厌烦。甭说表扬，就是连见也不愿见，见到就气不打一处来。在不少的家长看来，孩子只要聪明伶俐，就是“一好百好”，没有缺点、毛病，完美无缺，十全十美；就是有人反映孩子的缺点和毛病，也充耳不闻，即或是亲眼看到了，也视而不见。而如果孩子不大聪明，笨头笨脑，就是有人反映孩子在其他的方面有什么优点和长处，比如说劳动好，乐于助人，诚实守信，跟小朋友团结友爱等，家长却也是“充耳不闻”，“视而不见”。大有“一俊遮百丑”之嫌。

其实，这是一种偏见、成见。

清朝思想家、教育家颜元所说过:“数子十过，不如奖子一长。”

就是说，家长数落孩子十个过错，不如肯定、表扬孩子一个长处。这往往会发生意想不到的奇效，家长们应当努力坚持这样教育孩子。

孩子身上的积极因素有时不是很明显，甚至是潜在的，很难发现。要做到“奖子一长”，家长要有强烈的教育意识，在发现孩子的毛病、过错时，应当努力克制自己无益的感情冲动，有理智，最好不用直接的批评、训斥、指责；而是努力挖掘、发现孩子身上那些不易被发现的优点和长处，改用期望、勉励，用正面激励的方式方法，这样教育效果会更好。

最后还要特别指出,“鼓励为主，积极诱导”跟现在社会流行着一种所谓的“赏识教育”不是一码事。

说“鼓励为主”，言外之意，就是说“鼓励”不是唯一的教育方式方法，不能“不分青红皂白”无原则地“鼓励、表扬”，必要时还是允许批评的。

“积极诱导”，是说面对孩子的错误，不是一棍子打死，而是该用一种孩子不反感的方式，调动积极性；而不是为了“讨好”孩子，故意把缺点说成优点，误导孩子混淆是非善恶。

形象生动，寓教于喻

赵忠心

运用“寓教于喻”的方式方法来教育孩子，这是中国古人教子的优良传统，很值得今天的父母继承发扬。

子不学，断机杼

古《三字经》中说：“昔孟母，择邻处。子不学，断机杼。”这说的是，孟子小时候，不理解母亲的一片苦心，没有一心扑在读书学习上，缺乏毅力、恒心，满足于一知半解，还常常逃学。母亲多次批评教育也不管用。

有一次，孟子逃学回家，母亲问他：“你的功课学得怎么样了？”

孟子说：“还是那个样。没什么意思。”

孟母对儿子不用心读书学习的态度，十分不满。但觉得总是批评也无济于事，便当儿子的面抄起一把剪刀，把织布机上正在织的布给剪断了。孟子不解其意，便问道：

“母亲，您怎么把正在织着的布给剪断了呢？”

孟母按捺着内心的气愤，意味深长地说：

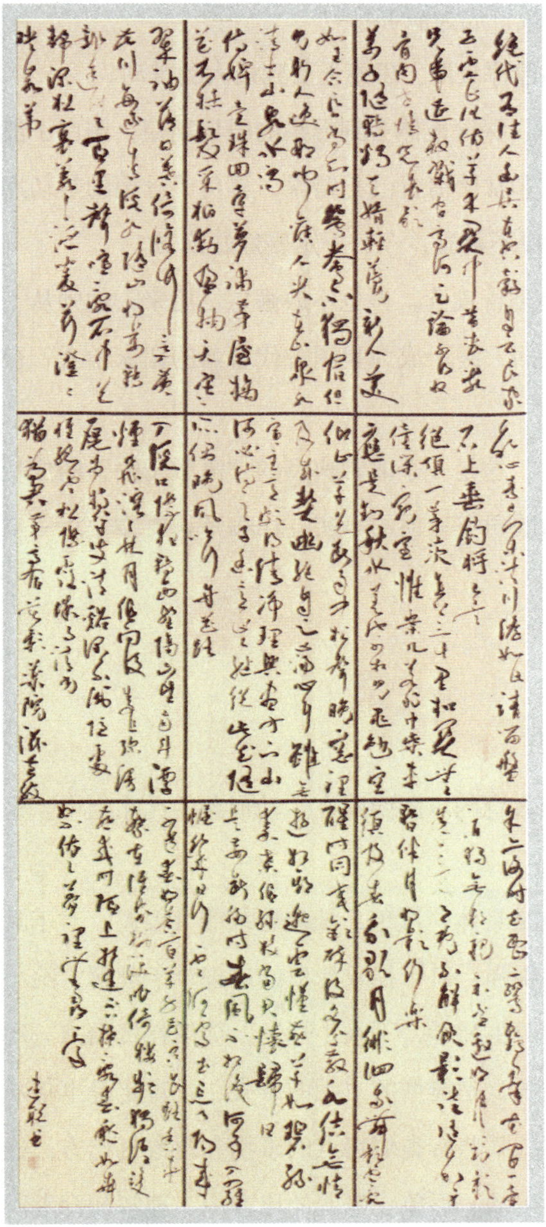

书画阅读　三等奖　祝建聪
中铁第四勘察设计院集团有限公司

“孩子，你读书学习就犹如我织布一样，是累丝成寸，累寸成尺，累尺成丈成匹，这样持续不断地织下去，才能成为有用之物。读书做学问也是这个道理。必须累年累月，坚持不懈，持之以恒。只有不懈地努力，知识、学问才能积少成多。有了知识、学问，以后做事才能顺利，才能在事业上有所成就，避免灾祸。

“今天，你弃学而归，偷懒厌学，中断学业，就等于前功尽弃。你没有学问，将来能有什么作为？这就好像我们母子二人是依靠我纺麻织布来维持生活，我把织布机上的布给剪断了，不再继续织下去了，那么，我们母子二人的吃饭穿衣的经济来源也就断绝了，我们将如何生活下去？你若从此不再好好读书学习，没有知识学问，将来不但会无所作为，一事无成，还有可能沦为盗贼，成为祸害！”

孟轲听了母亲的严肃批评和谆谆教诲，思想上受到极大的震动。

他从母亲句句在理的谈话中，深深地体会到母亲的殷切期望，明白了读书做学问、读书做人的道理。他非常懊悔自己犯错误，辜负了母亲的热切期望。他诚恳地向母亲认错，表示决不再犯，今后一定要好好读书。

从那以后，孟轲夜以继日地刻苦攻读，再也不敢懈怠。后来，他师从于孔子的孙子子思门下，潜心做学问，终于成为我国古代著名的儒家学者，被后人称为“亚圣”。

“子不学，断机杼”的故事，这是一个非常典型的“寓教于喻”的成功实例。孟母用“织布”不能间断的司空见惯的事实，比喻知识要靠一点一点地积累，令人信服，很有说服力。

寓教于喻，坐收奇效

所谓“寓教于喻”，就是把教育的意图隐藏在生动形象的比喻之中。这是一种行之有效的教育方式方法。

年龄较小的孩子，思维特点是具体、形象，抽象思维能力很差。对于具体、形象、生动的事物感受能力很强，对于抽象深奥的道理难于理解。给小孩子讲“大道理”，就好比是“对牛弹琴，不入牛耳”，徒然耗费精力。用教育成年人的方式方法去教育孩子，是典型的“无的放矢”，肯定是事倍功半，甚至劳而无功。用孩子熟悉的某些有类似特点的事物和现象打比方，比拟想要说明的道理，会使孩子从生动、形象、鲜明的比方中，理解教育者所要说明的道理。

比如，用“狼来了”的童话故事，告诫孩子撒谎的危害，教育孩子要诚实；用“龟兔赛跑”的寓言故事，告诫孩子骄傲自满的危害，教育孩子谦虚谨慎、兢兢业业，等等。

“寓教于喻”的教育方式方法运用得好，有时会发挥预想不到的长远效果。不仅在当时起作用，甚至对人的一生都具有教育和启迪作用。

清朝时期的民族英雄林则徐，小时候办事粗心大意，性情急躁，常常为一两句话不对自己的心思就发急发怒，父亲多次批评都改正不过来。

有一天，父亲林宾日给林则徐讲了一个“性急判官”的故事：

从前，有个判官，由于他本人非常孝敬父母，每当遇到犯人是不孝敬父母的，他就要重判。有一次，两个彪形大汉扭送来一个年轻人，他们说：“这个家伙是个不孝之子。他不仅骂他娘，还要动手打他娘！”

判官一听，顿时火冒三丈，当即就命令手下的人打了那年轻人五十大板！那个年轻人刚要喊冤枉，他的嘴立即被两个彪形大汉给堵住，无法申辩，屁股被打得皮开肉绽！

就在这时候，一位老太婆拄着拐杖闯上堂来，边哭边喊道：“请大人快救救我的儿子！刚才有两个强盗溜进我家的牛棚偷牛，被我儿子发现，想把那两个人扭送官府。不料，我的儿子势单力薄，却反被两个强盗给捆走了……”

那判官一听，心里一惊：难道……老太婆低头一看，地上那个遍体鳞伤的年轻人，正是她被强盗绑架的儿子，老人哭喊着就倒在儿子的身边。

判官发现自己上当了，立即令人赶快把那两个强盗给带上来，可不知什么时候，两个强盗早就逃之夭夭，无踪无影了。

父亲讲完这个故事，联系到林则徐身上的毛病，给他分析了危害，使林则徐受到了深刻的教育。不仅在当时帮助林则徐充分认识粗心大意、性情急躁的巨大危害，改正了自己的缺点；就是在他后来做大官以后，总是在书房的墙壁上挂起他亲笔书写的“制怒”的牌匾，作为自己的座右铭，以时刻提醒、警示自己，不要因粗心大意、性情急躁而做错事。

林则徐在回顾自己成长的经历时，曾经这样回忆父亲林宾日的教育他的方式方法：

在后来回忆小时候读书学习的情景说：“府君之教，谆谆然，循循然，不激不励，而使人自乐于嚮学……讲授书史，必示以身体力行，近理著已之道，罕譬曲喻，务使人领悟而后已，然未尝加之笞挞，即呵斥亦绝少。”“讲授书史，必示以身体力行、近理著已之道，罕譬曲喻，务使领悟而后已，然未尝加之笞挞，即呵斥亦绝少。”

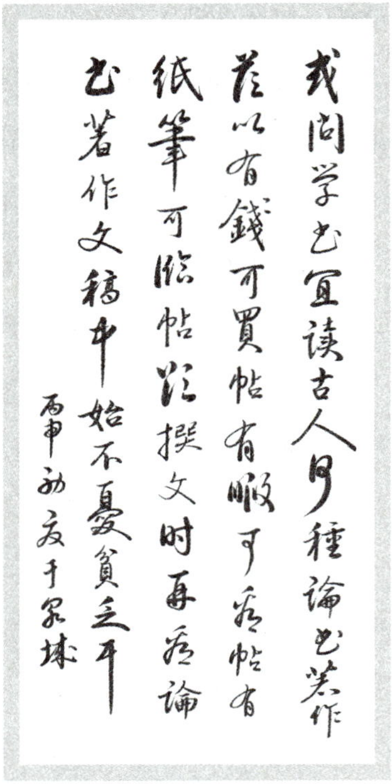

书画阅读　优秀奖　石紫
山东省济南市统计局

这是说，父亲在教育他时，常常是利用比喻的方法，深入浅出地给他讲道理，进行启发诱导，从不用打骂的手段。

“寓教于喻”是一种行之有效的教育方式方法。要运用得好，做父母的必须首先认识儿童的心理特征和思维特点，不要把他们当成成年人，尽量少讲空洞的“大道理”；第二，要有丰富的生活经验和社会文化知识，要善于思考，比喻要贴切、恰当。

是“先松后严”还是“先严后松”

赵忠心

培养教育孩子不是一蹴而就的事。不仅相当复杂，也相当漫长，犹如打一场“持久战”。要获得成功，不仅要重视解决具体问题的“战术”，诸如以身作则、方式方法、理智施爱等等，更要重视决定全局成败的“战略”问题。比如，在孩子从小到大的整个培养教育过程中，是“先松后严”，还是“先严后松”？

孩子从一个软弱无能、无知无识、不能独立生存的新生儿，一直长到十八九岁，在这个过程中身心各方面发生了极大的变化：知识丰富了，能力增强了，生活经验增多了，自觉性增强了，能独立生存了，和成年人的关系以及对待成年人的态度也发生了巨大变化。这一切，要求家长必须随时调整对孩子要求和管理教育的宽严程度。

是“先松后严”好还是“先严后松”好

所谓“先松后严”，就是小时候不怎么管教，而是随着年龄的增长，越来越严格；所谓“先严后松”，却与此恰恰相反，小时候管教得很严，随着年龄的增长，管教得越来越松。究竟哪种“战略”更好呢？

在我们中国，有些做父母的，特别是有些爷爷奶奶，对小孩子往往采取放任自流的态度，舍不得严格管教，任其自由发展。其理由是：“孩子还小，不太懂事，管教也没用；等长大懂事了，再管也不迟。”这是典型的“先松后严”。

另外一些做父母的，则主张孩子小时候要严加管教，注重培养良好的行为习惯和思想品德，为以后的发展打好基础；随着年龄增长，逐步给孩子一个宽松的成长环境，让他们进行自我教育，自由发展。这就是典型的“先严后松”。

在过去，日本、英国习惯于“先松后严”，而欧美其他一些国家则主张“先严后松”。

究竟哪种“战略”更好呢？评价家庭教育的“战略”好不好，主要看是不是符合孩子身心发展的规律和趋势，是否有利孩子的身心发展。与孩子身心的发展合拍，能促使孩子的身心和谐发展，就是好的；反之，不符合孩子身心发展的规律和趋势，与孩子身心的发展相“扭八”，引起孩子抵触的，就是不好的。

惨痛的教训值得记取

著名的教育家陈鹤琴先生在他的《家庭教育》一书中，曾经列举过这样一个很典型的案例：

从前，有一位富翁，年近五十方得一子。小儿子就像是无价之宝，他成天乐得合不上嘴，迁就放任，不管不教，任其为所欲为。儿子到四五岁的时候，一不高兴就张口骂人，动手打人，简直是强横霸道无所不至。父亲总觉得他年纪还小，不懂事，不认真管教，敷衍两句拉倒。随着年龄的增长，儿子恶习不断膨胀，胆子越来越大。到了十七八岁，竟然常常偷他父亲的钱，到外面去赌博，一掷千金，毫不介意。父亲知道后非常生气，觉得再不管就不行了，于是当着众人的面，把儿子大骂了一顿。那儿子不但不怕，反而破口大骂他的父亲：“你这老东西，该死不死，还要骂我。你当心点，我迟早要弄死你！”

父亲听了儿子这浑话，气得浑身直发抖。心想：儿子的浑话虽说是在气头儿上说出的，但也不能不防。当天晚上，他把一只小斗桶放在铺好的被窝里，就像是有人在睡觉。他则静悄悄地躲在床后边，屏息着气，看他儿子的动静。过了不到一刻钟工

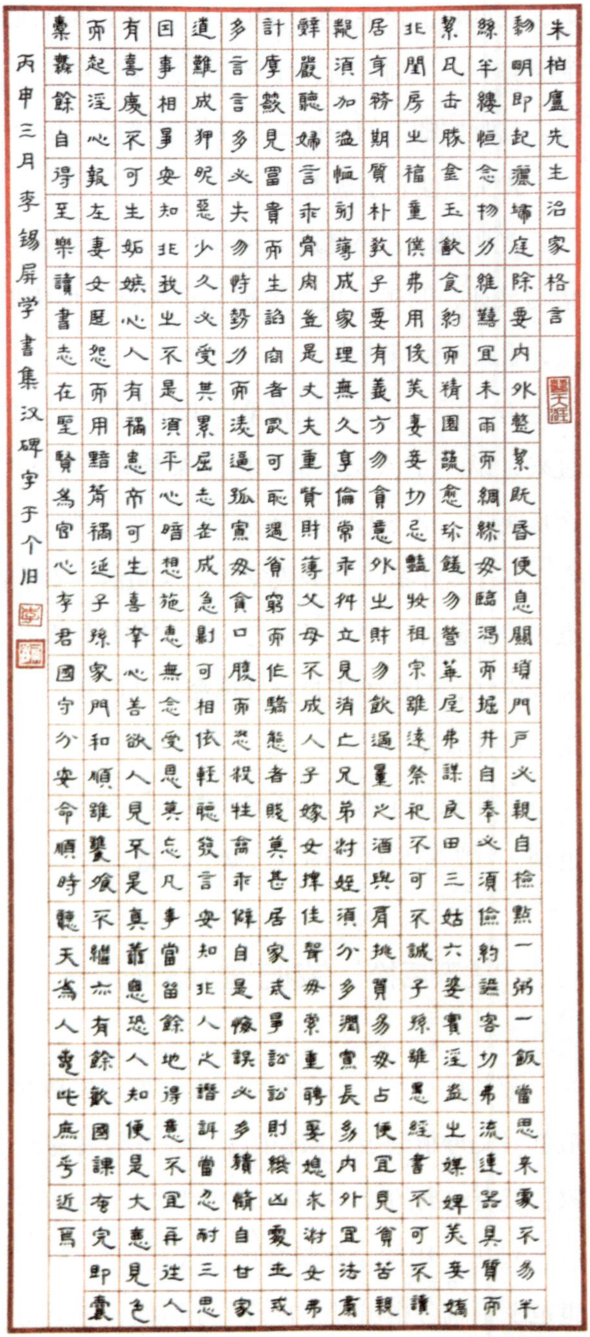

书画阅读 优秀奖 李锡屏 云南锡业股份有限公司

夫，只见儿子轻手轻脚推开房门，蹑手蹑脚地走进屋来，手里提着一把锃亮的大斧头，一到床前，便怒气冲冲地举起斧头，狠狠地向床上的被窝乱砍一通。只听“啪”的一声，小斗桶粉碎了。儿子以为是父亲的脑袋被砍碎了，丢下斧头，便仓皇逃走了。

光阴似箭，一晃过去10多年，富翁已有80多岁。暮年孤独，苦不堪言，睹物兴怀，悲感交集。虽恨儿子无良，但仍旧希望儿子脱胎换骨，改邪归正，重新回到身边来。

有一天，老人家正在桑园里独自散步，忽然有一年逾三十的农夫朝他走过来，说:“老人家，请你把这株老桑枝弯过来。”老人说:“老弟！你开什么玩笑啊，老桑枝哪里还能弄得弯？”那农夫说:“不错，不错，桑枝要小弯，儿子要小教。”老人家听了这句话，不禁顿触旧恨，悔恨不已，珠泪点点，泣不能抑。农夫又对老人说:“你仔细看看，我是谁？”老人上下打量，细细端详，眼前不正是自己逃命在外的儿子吗！父子二人久别相认，百感交集，抱头痛哭。

“桑枝要小弯，儿子要小教。”老人和儿子都从切身经历中明白了这个道理，“先松后严”的“战略”是错误的。

“先严后松”有利于建立家长威信

家长的威信是顺利教育子女并取得成功的重要条件之一。孩子小时候一般都对父母很崇敬，家长的威信是比较容易建立起来的。从孩子小时候起，家长就有较高的威信，以后的管理教育过程就会比较顺利。

过去，中国家庭教育的传统是“先松后严”。宋朝袁采在他的《袁氏世范》中就曾指出过，在孩子小时候，中国的父母往往是放任自流，任其为所欲为，有错误不批评孩子，反而指责、批评别人，这叫作“曲爱”，即溺爱；而当孩子长大以后，则“爱心渐疏”，抓住孩子的一个缺点就大做文章，有时孩子根本没什么过错，还吹毛求疵，这叫作“妄憎”，即过分地苛刻。这样做，肯定会引起对立，绝不会有教育的主动权。

英国17世纪著名教育家洛克说过:“凡是有心管教儿童的人，便应该在儿童极小的时候早早加以管教,应该使子女绝对服从父母的意志。如果你希望你的儿子过了儿童时期以后仍旧服从你，你便要从他刚刚知道服从，知道自己是归谁管教的时候起，立刻树立起做父亲的威信。”当时英国许多家庭对子女是“先松后严”。对此，他持反对态度。

他说:“我觉得大家对待子女的方法很不正确，子女幼小时候，他们一味放纵亲狎，一旦子女长大成人，则又对之声色俱厉不去亲近他们了。自由与放纵对于儿童是没有什么好处的，他们遇事没有什么判断的能力。”等孩子长大了，有了理智和主见再去专制或严厉，就会引起子女的极大反感。因此，他主张“先严后松”。

他说:“假如他们年龄渐长，能够运用理智之后，管束就应照他们所应受的对待渐渐放松，父亲的脸色更加和蔼，父子间的距离便渐渐缩短，那么父亲以往的管教便反而可以增加他们的敬爱。因为他们知道以往的管教原是爱护他们，使他们值得受父母的爱抚和旁人的尊重。”

“先严后松”有利于培养良好习惯

孩子小时候，分辨是非善恶的能力很差，感受能力却很强，若及早加以培养训练，就比较容易形成良好习惯。即或是有一些小毛病，也容易纠正。而随着孩子年龄的增长，逐步放松，良好习惯有“惯性”，会继续发挥作用，制约孩子的言行，一般不会出现“越轨行为”，因为“习惯”已成“自然”。

如果小时候太放松，任其为所欲为，很容易养成不良习惯。长大了再想严加管教，坏习惯亦成“自然”，那就难以纠正了。正如明朝王阳明所说:“良师益友不能劝勉，醲赏重罚不能匡正矣。”不仅效果不好，如强行纠正也容易引起孩子的抵触，使父母子女之间产生隔阂。

宋朝司马光曾在《温公家范》中，对这个问题进行过深刻的分析。他说:“人之爱其子者，多曰儿未有知耳，俟（等）其长而教之，是犹养恶木之萌芽。曰俟其合抱而伐之，其用力顾不多哉!又如开笼放鸟而捕之，解缰放马而逐之，曷（何）若勿纵勿解之为易也。”

这是说，孩子小时候不管不教、娇纵溺爱，一般是认为孩子小，不懂事，管教无用，等长大再管教也不迟。这就好比树小的时候不去修剪，任其自由发展，长得歪歪斜斜；而到长成合抱之木，再去修剪，能不费极大的力气吗？又好比打开鸟笼把鸟放走，解开马缰绳把马放跑，再重新去捕捉，这不是给自己找麻烦吗?哪如当初就不打开鸟笼，不解开缰绳更为省力呢!

“先严后松”符合孩子身心发展规律

“先严后松”适应孩子身心发展的年龄特征和趋势，易于为孩子接受；而“先松后严”则违背了身心发展的规律，易引起孩子抵触。随着孩子年龄的增长，独立意识越来越强，不希望父母对他们像小时候那样事无巨细严加约束，遇事愿意独立分析、判断、处理、解决。随着年龄增长，逐步放松管教正好符合了他们的心理要求；同时，也有利于促使他们走向成熟。

逐步放松管教，放手让孩子独立分析、判断、处理、解决问题，充分体现了家长对孩子的尊重和信赖。当孩子体会到这一点以后，会更加自尊、自重，进一步严格要求自己，谨慎从事，不让父母失望。这样做，家长和孩子的关系比较和谐、亲密，孩子的心情舒畅，也更加尊重、爱戴父母，遇事会

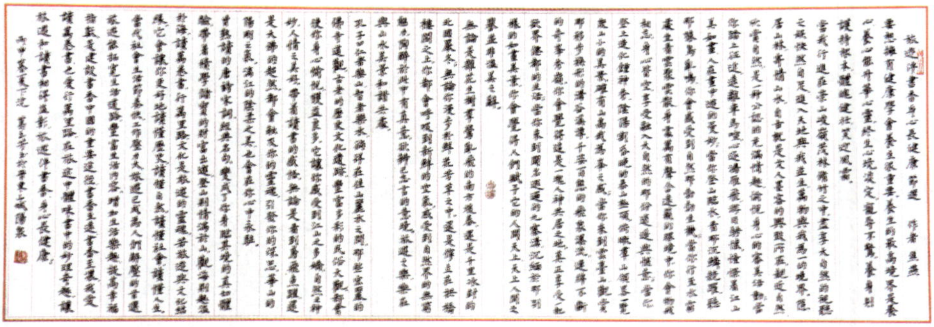

书画阅读 优秀奖 葛玉芳 山西省阳泉市青少年宫

主动和家长商量，争取家长的指导。

“先严后松”的“战略”，恰恰与孩子身心成长发展的规律和趋势是合拍的。“合拍”就是协调，协调就能促使孩子长足发展。这就像放风筝那样，起初，要拉紧线，不拉紧飞不起来；当风筝飞起来以后，就可以逐渐放松一些，任其在天空自由翱翔。这正适合他们独立自主和摆脱成年人约束的要求，有利于发展自我教育和自我管理的能力。

有小时候良好的基础“垫底”，长大后逐步宽松，一般不会在发展中出现偏差。

理智施爱，爱而不娇

赵忠心

父母爱子女，这是人的天性，也是教育的基础。只有爱，才会去教育；只有子女切身体验到父母之爱，才乐于接受教育，朝着父母所期望的方向努力发展。

然而，爱子女是有讲究的，不是怎样爱都有积极作用。战国时期韩非说过："人之情性莫爱于父母。"同时又说："皆见爱未必治也。"这意思是说，父母对于子女的爱是其他任何人的爱都不能比拟的。虽然父母都爱子女，但不见得都能教育好子女。事实就是如此。那么，怎样爱才是正确的呢？

要严格要求，不能一味迁就

有人认为，孩子有什么要求都满足，有求必应，就是父母之爱。然而，孩子毕竟是孩子，分辨是与非、善与恶、美与丑、利与害的能力比较差，孩子的要求不见得都正确、合理、有益，家长应当分析和判断。正确、合理、有益的，予以满足，那是爱；不正确、不合理、无益的，不予以满足，同样是爱。家长绝不能感情用事，满足一切要求，一味迁就，有百害而无一益。

法国教育家卢梭特别反对家长对孩子百依百顺。他谆谆告诫父母们说：“你们知道造成你们儿童的不幸的最可靠的方法是什么吗？那就是百依百顺。”他举例说：“儿童先是要你的手杖，然后要你的表，再要飞翔于空中的鸟，甚至要求闪耀于天上的星，凡是他所看到的都要得到，你不是上帝，怎么能够使他满足呢？”这样做是很有害的。他说：“惯见一切事物都屈从于自己的儿童，一旦投身社会，到处碰到的尽是违逆自己意思的事情，从前以为世界上的事可以从心所欲，现在这个世界竟然沉重地压倒了自己。”像这样在百依百顺的环境中长大的孩子，当步入社会生活以后，或是在复杂而又正常的社会生活中失去生活的勇气，或是走上反抗社会、铤而走险的道路。

书画阅读　优秀奖　邱敏
国网宜宾电业局三新公司江北分公司

有的家长担心，总是违背孩子的意愿，会影响意志品质的培养。其实，意志并不只是想得到什么，就一定要得到什么。前苏联教育家马卡连柯说：“意志——这不单纯是欲望和欲望的满足，同时也是欲望和制止，欲望和放弃。假如你们的孩子仅仅受到实现自己愿望的训练，而没有受到克制那种愿望的训练，他是不会有最大的意志的。”他运用一个非常通俗而又十分形象的比喻说：“没有制动器就不可能有汽车，而没有克制也不可能有任何的意志。”

如果一个人只有“想得到什么就必须得到什么”的欲望，而不能在必要时克制自己的欲望，放弃不恰当、不实际的愿望，这种人到社会上就会像没有制动器的汽车一样，胡乱冲撞，碰得头破血流。

古今中外有见识的教育家，历来都主张对孩子要严格要求，有意识地创造条件，让他们忍受一些痛苦，以便磨炼意志。孟子说过：“故天将降大任于斯人也，必先苦其心志，劳其筋骨，饿其体肤，空乏其身……”

17世纪英国教育家洛克为造就绅士，主张要有意识地让孩子从小吃些苦头。冬天，不要穿得过暖，要用冷水洗脚，鞋子要薄，到有水的地方，水要能渗得进去。饮食要清淡、简单，卧床是坚硬的，有时让头睡得高一点，有时又低一点。他认为这样做很有好处，当将来外出旅行时，不至于因为床铺不软或枕头没放好而有失眠之苦。因为任何人“是不能永远睡在家里的床上”。他的见解是很有价值的。

爱子女的动机和效果要统一

父母爱孩子究竟是为了什么?当然是为了孩子好。然而，在实际生活中，许多父母对子女实施的爱，表面看是在爱，实则是害。

比如，父母生怕孩子上学丢三落四，带不齐学习用具，每天都替孩子收拾书包、文具；孩子做完作业，父母对孩子的自查不放心，每天代替孩子检查。父母的动机是想让孩子学习好，取得好成绩。但越俎代庖，包办代替，不仅会养成孩子的懒惰、依赖思想，也很难养成良好的学习习惯。

也有的父母看到孩子学习上有了进步，就滥发奖金给予奖励。久而久之，就会把孩子引导到单纯为了追求物质利益而学习的道路上去；而且物质刺激太多太滥，“物质”也就渐渐起不了“刺激”作用了。

我国古人很早就注意这种“似爱实害”的问题。《古今谭概》一书有这样一则寓言故事:

有一种鸟叫翠鸟，非常漂亮。为了避免灾祸，起初翠鸟是把窝筑在树的高处。当它孵出小鸟以后，非常喜爱，生怕小鸟从高处的窝里掉下来摔死，于是把鸟窝向下移了移。过了不久，小翠鸟身上长出羽毛，十分美丽，翠鸟更是倍加喜爱，越发怕小翠鸟摔下来，就又一次向下移了鸟窝，移到离地面很近的大树杈上，这样翠鸟觉得放心了。没想到，当路过树下的行人发现美丽可爱的小翠鸟时，稍一举手便把小翠鸟给掏走了。

这个故事讲的是翠鸟，实则讽喻的是人，很值得做父母的深思。

翠鸟完全出于对小翠鸟的关心、体贴、爱护，连续两次下移鸟窝，设法避免小翠鸟从树上摔下来致伤致死。然而，翠鸟只知一味地爱，却没有，也不可能预料到这样做还潜伏着另外一种风险或灾祸。正是由于它对小翠鸟的爱，深沉的爱，才恰恰害了小翠鸟，铸成了“丧子之祸”。这种结局，和翠鸟的“初衷”是正好相悖的。

翠鸟是低等动物，它不可能料到盲目“施爱”的严重后果。可为人父母的，对孩子施以什么样的爱，怎样去爱，会得到什么样的后果，应当有个预测、判断，也是能够预测、判断的。爱孩子绝不能盲目。要给孩子施以科学的理智的爱，不仅有好的动机，还必须重视爱的效果，把动机和效果统一起来。

要从子女的长远利益出发去施爱

父母爱孩子，应该是为孩子谋利益。然而，眼前的利益与长远的利益常

书画阅读　优秀奖　赵耀丽
四川省达州市宣汉县妇幼保健服务站

常是不统一的。往往是从眼前看是利益，而从长远看却是害处；眼前看是苛求孩子，从长远看是有益的。

比如说，年让孩子参加一些力所能及的劳动，对孩子来说，可能觉得是痛苦的事；但孩子长大了，离开父母走上社会，有很强的生活自理能力，孩子受益了。从小让孩子参加一些力所能及的劳动，似乎是不爱孩子，其实恰恰是真正的爱。反之，如果让孩子从小“饭来张口，衣来伸手”，什么事都是父母包办代替，表面看是爱孩子。但从长远看，对孩子确是有害的，将来一旦离开父母、家庭独立生活，将是寸步难行，会很痛苦。

中国古代有见地的父母，很懂得眼前利益与长远利益的辩证关系。西汉皇太子的老师疏广，培养教育太子有功，退休时皇帝和太子赠给他黄金几百两。疏广没有分给子孙后代，他说：“我不是不考虑子孙的利益和幸福。现在家里的田产已经不算少了，只要子孙后代能够辛勤耕种，勤俭持家，完全可以丰衣足食。如果再多留财产，会使他们坐享其成。常言说：‘贤而多财，财损其志；愚而多财，则益其过。'因此，为子孙后代将来的利益和幸福，我不能再给他们多留遗产。”

宋朝宰相张文节一向生活俭朴，“所居堂室，不蔽风雨，服用饮膳，与始为河阳书记（小官）时无异。”有人认为是故意装穷。他说:“要家人过好日子，我家不是没条件。常言说：‘由俭入奢则易，由奢入俭则难。’我不可能总做宰相，一旦我不做宰相了，全家人已习惯于奢侈生活，一下子贫困下来，肯定会觉得受不了。现在让家人过一般人的生活，将来我一旦不在人世，家人也会生活得很安定。”后人称赞他有远见卓识。

如果眼前的利益与将来的利益是相矛盾的，家长就应把眼光放远一点，舍弃眼前的利益，着眼于子女的长远利益，这才是真正的爱。

春秋战国时期赵国惠文王死后，儿子孝成王继位。孝成王年轻，由其母赵太后执政。就在这时，秦国要攻打赵国，赵国弱小，不能抵御，派人请求齐国出兵援助。齐国提出:“必须以赵国长君为人质，方可出兵救援。”长安君是赵太后的小儿子，赵太后哪舍得让他去冒这种风险。老臣左师触龙去见赵太后，说:“您分封给小儿子大片良田和金银财宝，而他是‘位尊而无功，奉厚而无劳’，坐享其成，养尊处优。今天，您小儿子正好有一个为国立功的机会，您却不让他去。一旦您驾崩之后，他凭什么在赵国站住脚?常言说:‘父母之爱子，则为之计深远。’您要真正爱你的小儿子，就应当为小儿子长远利益着想。”赵太后终于想通了，当即派人送长安君到齐国做人质，齐国出兵援救了赵国。

父母为孩子的长远的根本的利益着想，才算是真正的爱，只是为了孩子眼前的利益，是娇惯溺爱。今天的父母应当从中受到启示:对孩子施以爱应当把眼光放远一点，切不可囿于孩子眼前的一时的利益。

爱孩子不需要太复杂

关　颖

在微博上，我转发了艺术家Susan Lordi的一组木雕艺术作品。介绍中说，虽然作品都没有五官和表情,但通过人物的肢体动作表达出来情感却更加真切和细腻。她的作品给人以温暖、恬静的感觉，看着它们，心里暖暖的……美术教育联盟的评论是“有爱的东西，简单也很美”。

看到这组美图和评论，我也有感而发：爱，本就是一种朴素的情感，不需要太复杂。比如父母对孩子的爱，如果夹杂着自身功利的目的而不是满足孩子的需要，或许就变得复杂了，往往自己会“爱”得很累，而孩子则得不到真爱。

有网友在评论中向我诉说了自己的烦恼:“其实我和她爸爸都挺宠她的，也一直是无条件的，因为从我们父母身上接受的教训，对孩子的付出无怨无悔，孩子也挺懂事，知道心疼我们，可是就是说话有时候带刺儿，反问什么的语气，弄得我们很难受，或许还小？还是我太敏感？还是这一代孩子在学校都这么想用什么语气就用？”我回复说:“不必太介意吧，更无需教导、指责他。找机会在孩子高兴的时候跟他谈谈你们的心理感受，帮助孩子理解父母。试试看。”不知这位网友试的结果如何，在与孩子相处中能否对爱孩子有新的感悟？

我始终认为，孩子常常并没有父母们想得那么复杂，如果父母了解了孩子的真正需求、理解孩子言行背后的真实原因，以自然的心态与孩子互动交流，孩子从父母那里得到爱会比父母刻意要求孩子、一厢情愿地为孩子辛劳付出多很多，也会有更多的对父母的理解与认同、与父母期望的目标更近。

可是在现实生活中我们看到，父母对孩子“爱”得很累，而孩子却则得不到真爱的情况比比皆是……

一位妈妈让孩子学钢琴并让他参加考级。孩子喜欢弹钢琴，也想跟小伙伴一起玩耍，妈妈却强制孩子弹曲子，孩子大哭，把手往钢琴上猛打。他说:“我不想考级，长大了不想当钢琴家！”妈妈责怪孩子不懂事，对孩子要求更严了，孩子在妈妈的强制下对钢琴的兴趣也渐渐消失了。

一个家境相当不错的女孩被送到加拿大最好的学校自费读国际贸易本科，专业是母亲精心挑选的，出国的一切事都是母亲一手安排。一个学期下来，孩子竟然放弃学业回国了，原因是“不喜欢”。原来，在报考国外大学时，孩子自己向若干所学校提出申请，最终收到4所学校录取通知，都是自己喜欢的专业并有奖学金。但是母亲执意坚持自己的选择并交了巨额学费，硬是让孩子放弃了自己的选择。孩子回国后精神恍惚，任凭父母苦口婆心地劝，什么学也不上了。

有个上了大学的孩子这样表达自己的烦恼:“进了大学后才发现，十几年来，除了学习我什么都不会干。不会洗衣服，不会收拾房间，甚至到了食堂不知道自己该买多少饭。在家里，学习以外的事爸妈都不让我做。现在跟同学在一起，我成了‘弱智’，这让我很没面子、很是自卑。我爸妈可把我害惨了！”

这些父母绞尽脑汁、全力为孩子付出都是出于对孩子的爱、是为了孩子好。可是在孩子的心目中，父母们大量的这样的“爱”成了对自己的

“害”，孩子对父母这种种爱的回报是抗拒、反叛乃至行为的越轨……有父母发出这样的叹息:“爱孩子怎么这么难！”

细细想来，这类问题的症结恰恰是父母们把亲子之间朴素的爱的情感复杂化了，加入了许多自己的功利的目的。父母担心孩子没有特长，缺少与别人的竞争力；担心孩子管不住自己，限制了孩子释放自身的潜能；担心孩子学业不优秀，占据了本该属于孩子自己的更大的空间……而忽略的是孩子本来的样子和自身的需求。当孩子成了被父母们的主观臆想的样子、当父母为孩子的付出是自己一厢情愿的时候，对孩子的“爱”也就成了为了达到自己理想的目标、为了满足自身的心理需求、为了自己的“面子”的代名词，于是也就变得复杂、变得很难了。

爱孩子，其实真的不需要太复杂。著名教育家苏霍姆林斯基对父母的爱有过许多经典表述，在他看来，明智的父母之爱表现在父母“要善于在孩子面前揭示他们亲眼看见的、亲身感受的幸福生活的真正源泉。”应当让孩子知道“长辈们所付出的辛勤劳动和流出的大量汗水是他们幸福的最重要的源泉。”也就是说，父母是否真的爱孩子，不是一种自我感觉，而是孩子的真实感受，是孩子成长的真正需要是否得到了满足。而这种爱，就体现在父母与孩子在家庭日常生活的互动当中，就像Susan Lordi的木雕作品一样简简单单、真真切切，给孩子温暖的感觉。

（2015年7月30日 本文发表于《中国妇女报》家教周刊）

别人家的孩子

游　涵

《明史》中有一段关于大学士张居正成长经历的描写——

张居正小的时候就品学兼优，因此也成为乡里同龄人的榜样。其中有一位小王爷，因不务正业经常遭到母亲的责骂："你看看人家张白龟（张居正幼时名'白龟'），样样比你强，再看看你……"因此，小王爷记住了这个名字，而且怀恨在心，等他长大了，便倚仗自己的权势将张居正的亲人加害致死，用以满足因童年的嫉妒而导致的报复心理。

究其原因，想必小王爷的母亲抓破了脑袋也想不到，正是由于她的"树立榜样"和"严格要求"，才为儿子埋下了"定时炸弹"。

由此联想到时下一篇广为流传的微博："别人家的孩子"，它的内容与500年前那个王府里发生的事情一样：家长总拿别人家的孩子和自己的孩子比。而无论好心的父母在说"看看别人家的孩子，再看看你"时出于何种目的和动机，有一点是肯定的：孩子听到时，会感受到三种信息：

一是安全感丧失，因为父母更关注别人家的孩子。

二是自己的状态不被父母接受，成为别人才是好的。

三是父母对自己孩子的爱是有条件的。

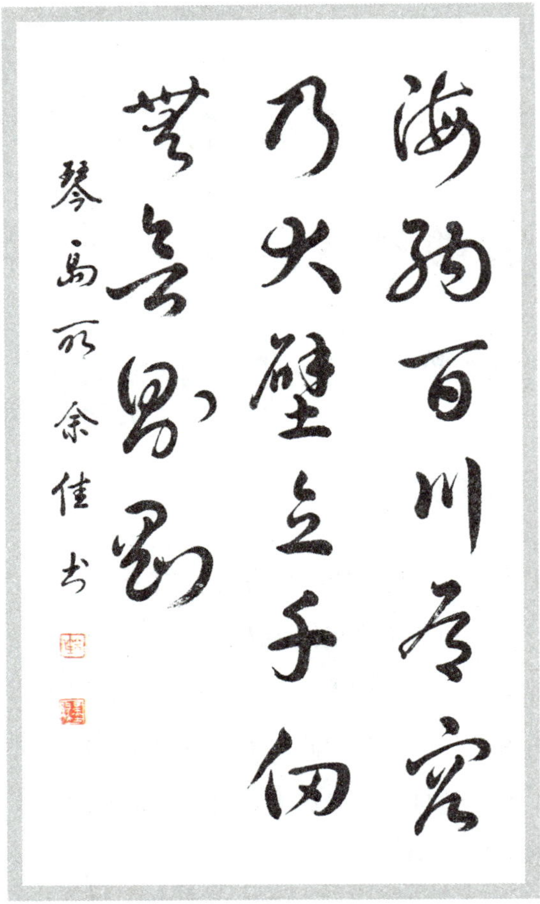

书画阅读　优秀奖　余佳　山东琴岛律师事务所

这些信息叠加起来，就会形成生命能量的内耗。什么意思？就是一个孩子本来有机会按自己的特长发展，却因父母的要求而被迫朝另一个方向较劲。

比如有一个男孩子从小喜欢画画，连美术老师都说他“有潜质，若用心引导必可成器”。然而固执的父母成天把爱因斯坦、牛顿和爱迪生等发明家挂在嘴边，要么就以邻居家的孩子作为榜样，什么“看看人家考的，再看看你？”“人家怎么就比你聪明，比你细心？”或者是“别人家的孩子怎么就那么懂事，那么用功，你怎么就没心那么没心没肺？”

好的，孩子在这些榜样和否定面前一天天长大，令父母遗憾的是，他没有成为科学家或医生，也没有成为画家，而只是一个纠结、内耗和自卑的男人。

因为画画（发展自己所喜爱的）是危险的，“要画画，就别要爱”。那么，按父母所要求的，拼命地成为别人（科学家或别人家的孩子），就会对不起那个真实的自己——两个自我始终在冲突。最终，自己的理想无法实现，别人的成功也无法复制。

其实，大多数人的童年都具备相同的经历，比如在说话的时候，孩子的说法往往得不到认可，而一定要搬出父母和老师，再大一点，搬出权威，什么引经据典，参考文献，就连招聘或择偶时，也以对方的口碑、标签和外人评价为主……是的，我们很难相信自己的判断，具有自己的主见，因为早在童年，我们就必须遵从大人的指令：不能相信自己，别人的评价要比自我认知可靠得多。

本能的自我评价，早在童年阶段就被剥夺了。从而导致长大成人后，我们很难接受自己，包括自己的观点和兴趣，自己的情绪和目标，也很难有耐心去接纳别人的缺点，因为不接纳自己的人，也不可能真正接纳别人。

所谓“人比人，气死人”并非戏言，心理学认为：攀比心就是分别心，它会强化高低贵贱的失衡心理，这就是不安定因素的根源。

因此，健康的爱是提供孩子一种良性的评价机制：对自己，要扬长避短，对朋友，要取长补短。即，要引导孩子发挥自己的优势，力不从心时，请朋友协助。而不是放大别人的长处而轻视自己的长处。由此，孩子才能产生也自信和自爱，也才能自尊和自立起来。

品味书香

书　　名：最美的教育最简单
作　　者：尹建莉　著
出 版 社：作家出版社
出版时间：2014 年 8 月

[鉴赏导读]

教育最大的捷径就是爱，教育最本质最核心的灵魂就是给予爱。然而只有爱是不够的,还需要家长的细致、耐心和经验。

《最美的教育最简单》一书从家长如何养育婴儿以及儿童，家长如何完善自身，做新时代的父母两个大的方面入手，把许多高深经典的理论转化为普通大众所能够理解的语言，结合许多经典真实的实例让读者具体可感可用。

这是一本再次和童年的自己相遇的一本书。

你现在教育孩子的方式恰恰和你曾经受到的教育方式有关。看此书，书中的诸多理论和案例可以让你对曾经受到的一些稍失偏颇的教育有正确的认识而不至于延续到孩子的身上。

回归本质、抛弃浮华的教育是最简单的，也是最美丽的。

我们常常说大道至简，而在真正实践时总是汲汲名利，急功近利，带给教育更多附加的意义。所以本书看似简单，做到却难，需要我们不断学习、不断结合自己孩子的具体情况不断应用反思。

孩子是果，

父母

才是根

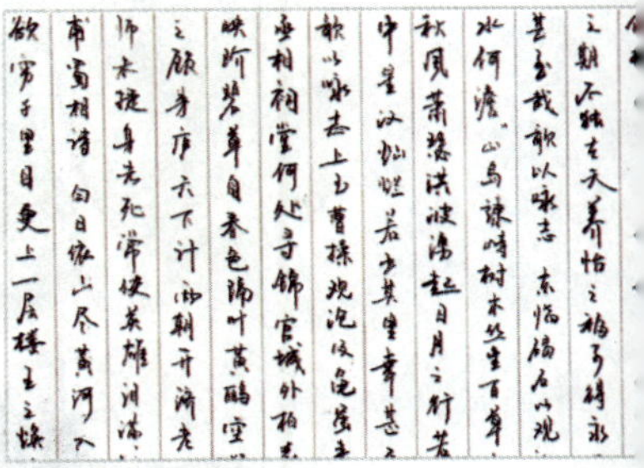

书画阅读　二等奖　邢洋　山西潞安集团煤基合成油公司

父母最有价值的“投资”是“投资自己”

关　颖

在人的一生中，以生命孕育生命、以生命影响生命才是最有价值、最有意义的事，亲子之间的积极互动，是回报率最高的投资，也能获得最大的教育效益。

在电视连续剧《虎妈猫爸》中，有一个情节给观众留下极为深刻的印象：“虎妈”毕胜男得知如果买了学区房，女儿就有资格进入第一小学，尽管一平方米9万元的高额房价自家并不能承受，但她还是执意要买，并不得已去找公婆借钱。老人开始不同意，不过毕胜男以父亲教育自己为例说出父亲的名言：“最好的投资对象，就是人！”因为当年父亲的坚持自己才有了今天。

在这里，毕胜男偷换了“投资”于人的概念，她投资的其实只是房、是人为地让孩子晚一年上学才能得到的入学资格，并不意味着有了这笔投资孩子就进了“保险箱”，就具备了成才的必要条件。

由于两代家庭倾其所有买学区房，在很大程度上提高了大人们对孩子的期望值。胜男要求女儿茜茜“一定要对得起每个爱你的人”“一定要对得起这个房子”，无形中给孩子带来了巨大的精神压力。与此相联系，胜男和罗素的冲突不断升级。茜茜认为爸妈经常吵架是因为自己，加之姥爷的误导，孩子一直坚信只要自己能考试第一，爸爸妈妈就会像以前一样恩爱。多重重压之下，茜茜得了儿童抑郁症，不说话了、不能上学了，这才引发了大人们对自身教育行为的反思，也从反面证实了投资学区房的副作用。

其实，对孩子的有价值的“投资”并不是金钱可以换来的，而是长辈们对孩子自身需求的尊重，是在教育孩子的实践中自身的不断反思和修炼，是以良好的亲子关系、夫妻关系、祖孙关系建立起来的温馨、和谐、向上的家庭氛围。一个家庭这样的“投资”到位，孩子才能快乐、幸福，一生都能获得正面回报。

在《虎妈猫爸》中，我们看到了父母自身转变带来的孩子的积极变化:“虎妈”胜男面对患了抑郁症的女儿，放下各种人与人之间的纷争、放下自己内心的纠结，带着茜茜到农场放松身心。农场的生活条件虽然清贫但别有一番天地，茜茜在农场生活得很开心，终于开口说话了，恢复了活泼可爱的精神状态。“猫爸”罗素在父亲的点拨下，明白毕胜男才是自己此生不离不弃的爱人，也懂得了自己作为一个男人和父亲应有的胸怀和担当，战胜了情感诱惑，挽回了即将破损的婚姻，与胜男重归于好，让孩子重新感受到了父母的恩爱。在《虎妈猫爸》的大结局中，茜茜的姥爷，这个曾经靠打骂逼女儿学习、对外孙女出狠招儿、以“必胜诀”催学生玩命的老教育工作者，也明白了自己对孩子教育的失误，他的肺腑之言:“从今天开始，我会敬畏每一个小生命，因为每一个小生命都是神圣的、独特的。”终于换来了孩子和全家人的欢乐。

这部电视剧的结局是美好的，让我们欣喜地看到父母们对孩子教育的反思。当人们站在成年人的立场上，觉得自己就是一心为了孩子好而不顾孩子的感受所做的一切，其实是在给孩子成长帮倒忙；当人们眼睛只盯着孩子学习、生活而不注重自身的转变和自己与家人关系的和谐，其实是在不知不觉地制造孩子的问题；当人们倾其所有为孩子买学区房、花重金上各种高价培训班，所付出的努力越多给孩子的压力越大，孩子内在的动力越小……明智的父母不要看重那些物化的、外在的投入，而是要“投资”于自己。

为自己“投资”，就是要静下心来学习，做一个明智的学习者，乐于花时间充实自己、在教育孩子的实践中，动脑筋提升自己，以自身的成长促进和引领孩子的成长。

为自己“投资”就是要下工夫修炼内心、舍得放下，以满足孩子的需求而不是自己的需要为目的，把培养孩子的眼光放得远一点，不为眼前一时一事的得失所左右，不与别人的孩子攀比，以一颗平常心接纳孩子成长中的不完美。

为自己“投资”就是精心营造和谐的家人关系，舍得花时间陪伴孩子，为夫妻恩爱、家庭温馨不吝啬情感投入。

这样说来，父母为了孩子好，真的不必投资“学区房”之类，“投资”于自己才是靠谱的。因为在人的一生中，以生命孕育生命、以生命影响生命才是最有价值、最有意义的事，亲子之间的积极互动，是回报率最高的投资，也能获得最大的教育效益。

（2015年6月11日　本文发表于《中国妇女报》家教周刊）

父母需要全方位的“自我修炼”

关　颖

前不久，我与西安新东方学校的老师们做了一次面对面交流，主题是家庭教育的两个基本点：儿童权利与父母素质。

在新东方精心录制的短片中我们听到孩子们说：“我爸爸在我屁股上留下的手掌印可多了”，“我没不对啊，爷爷先对我大声吼叫，也应该道歉啊！”“他们总是有很多很多事，我自己陪我自己玩，每天看电视、玩游戏。”“交朋友是我的自由，不想让妈妈管着”……孩子总有自己的见解，他们的心声是对父母教育行为的反馈。当家长们在列举一系列孩子不尽如人意的表现，认真审视自己的时候，发现孩子身上的很多问题，其实是父母在无意中“制造”的。难怪有家长感悟：“教育孩子是自己调心的过程，也是自己成长的过程”。

在我看来，家庭教育是大人与孩子之间的互动，孩子是生存发展的主体，父母是教育行为的主体。家庭教育的基本前提是了解孩子、认识自己；家庭教育失误的根本原因是漠视儿童权利；家庭教育要从改变自己开始，改变自己要从“悟”开始。概括这些内容，在操作层面就是父母要进行全方位的“自我修炼”，这一主张得到大家认同。

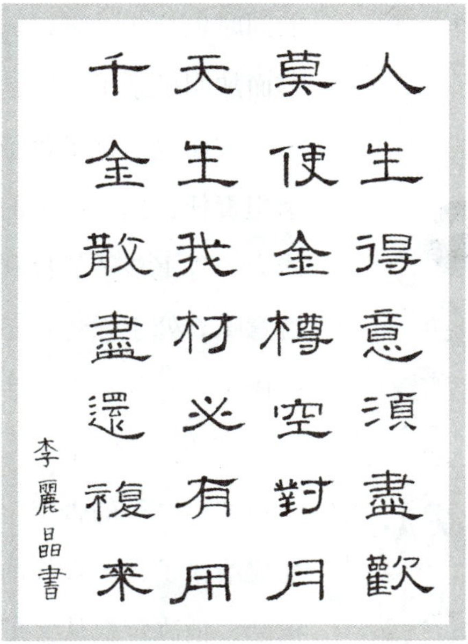

书画阅读　优秀奖　李丽晶
广东省广新控股集团有限公司工会委员会

所谓“修炼”原意是指道家修养练功、炼丹等活动。我们借用这个词是说父母通过不断学习、反省、实践，提高自身的教育素质。也就是说，做一个成功的父母要注重修炼内功，这是一个长期的、不间断的过程。具体说来“从头到脚”有这样几个要领：

一是眼向内，看清自身的责任和存在的问题。许多父母最容易计较的是孩子的问题，大部分精力用在了盯着孩子学习、纠正孩子的过错上，这样下工夫越大，孩子的问题越多，父母的失败感越强烈。实际上在很多情况下，孩子的问题往往与父母自身的问题有着千丝万缕的联系。所以眼睛要由盯着孩子转向自身，了解自身的角色职责，准确把握角色定位，不缺位、不错位、不越位。面对孩子不尽如人意的表现，先审视一下自己有什么问题，如何制造了孩子的问题，以改变自己来促进孩子的转变，用人格的力量引领孩子。

二是脚站对，站在孩子的立场上认识孩子的问题。父母站在成人的立场上来看孩子，总是对孩子不满意。突出的问题是把孩子当大人、把特点当缺点、把过程当结果，把部分当全部，而忽视了孩子自身的成长规律和内在需求，导致为孩子付出了许多，孩子却总是跟大人“拧巴”着。大人要说服孩子做什么，关键是要有儿童权利意识，站在孩子的立场上，分析他的需求是什么，使其形成内在的动力，才有可能达到自己预期的目的。

三是手放开，让孩子独立、自主面对自己的问题。父母对孩子管束过多

书画阅读　二等奖　沙翠英　广电总局无线电台管理局

的同时也替代过多，一方面加剧了亲子冲突，另一方面也弱化了孩子承担责任、独立做事的能力。尊重孩子的权利就意味着处于强势状态的成年人必须放弃某些权力，把“不行”、“不准”之类的否定，变成给孩子自己选择的机会，把决定权从父母手上转移到孩子手上。这样不但能培养独立能力，而且孩子还会为了自己的兴趣努力去做那些父母要求必须做的事，对自己的所作所为承担责任。

四是管住嘴，控制语言、学会倾听，接纳孩子的问题。父母总是热衷于给孩子提各种要求，事无巨细、反反复复地“教导”，而孩子最烦的事就是大人的

“唠叨”，也常常因此不愿意跟父母交流了。把说话的权利还给孩子，耐心听孩子的声音，多用耳朵少用嘴，对孩子的问题不急于定论、批评，在与孩子交流中让他自己提出解决问题的办法，教育效果会截然不同。

五是勤动脑，多悟道，在学习探索中解决孩子的教育问题。当今社会在变、孩子在变，父母们依照以往的经验和自己的经历已远不能应对各种家庭教育中的问题了。有人看了不少书、听了不少课，可是在面对孩子问题的时候依然是不知如何是好。问题的关键是停留在具体知识和方法的学习层面，缺少自身的系统思考和反复实践，没有悟出其中之道。悟道就是把握家庭教育的基本规律和机理，再“谋术”才能不偏离正确的方向，也才能在解决孩子的问题中举一反三，达到事半功倍的效果。

在微博上与网友交流中，王人平先生提出再加一条，“多示范”。我觉得可称为“行得正”，这也是其他几项修炼的集大成。

如此全方位的自我修炼，父母们的教育素质不断提升，两代人共同成长，才有成功的家庭教育。

（2016年2月4日 本文发表于《中国妇女报》家教周刊）

孩子是果，父母才是根

黄　薇

有一个妈妈忧愁万分地找到我，说她对孩子已经无计可施了，孩子不爱表达，不合群，成绩持续下滑。她找了很多机构干预孩子，但是效果都不好。

妈妈不希望孩子有心理阴影，所以希望我能见见孩子，看看问题到底出在哪里，但是又要隐藏身份，不要让孩子觉得自己有问题。

根据我的经验，通常一个孩子的行为问题背后，都隐藏着家长的各种状况，只要解决了家长的问题，孩子的行为就会迅速发生改变。因此，我告诉妈妈：你可以不带孩子过来，我先只见你。

爸爸妈妈对孩子的问题非常重视，他们一起来见我，希望我能全面了解他们家的情况。但是，和夫妻两人同时交谈，并不是最好的方式，因为很少有夫妻能坦白沟通，互相之间没有怨恨和秘密。他们之间常常会有不满，可是，首先，他们没办法当着对方的面说出抱怨，而且，也对解决问题毫无帮助。所以，每次，我都要和夫妻双方分别交流。

第一次咨询，通常都是两个小时，妈妈会详细介绍孩子的问题所在，他们的担忧、失望、渴望。随着他们的描述，一个栩栩如生的家庭就会站在你

书画阅读　优秀奖　卢昕
中国海洋石油南海西部石油管理局

面前，问题的症结基本就已经一目了然了。我通常会尽量让妈妈们自己意识到问题所在，如果我直接说出来，他们不一定会有明显感受。

比如，有一个妈妈说家里大事小事全靠她处理，身心俱疲，我问她：肩膀沉重吗，胳膊能抬起来吗？妈妈一边活动肩膀，一边流泪了，她意识到自己的大包大揽，让自己有太大压力，已经伤害了她的身体，她内心并不情愿这样做，所以才会抱怨连连，造成家庭关系紧张。如果我直接告诉她，是因为她大包大揽造成的夫妻矛盾，她一定会很生气："明明是配偶的问题，怎么现在变成我的不是了呢？"

两个小时的咨询里，我逐步让妈妈意识到自己的行为，对孩子的影响，让妈妈能跳出困局，站在不同人的角度看待问题，而不要自我意识太强烈

我渐渐发现孩子长时间积累的负面情绪很多，也需要做一些疏导，于是，爸爸把孩子接过来，带到我面前，我花了半个小时，帮孩子疏导压力，压力减轻了，孩子就会有信心轻装上阵，重新开始。

书画阅读　优秀奖　陈羚　陕西省宝鸡市陈仓区虢镇初级中学

孩子和妈妈每天要完成的自我调整是完全不同的，妈妈决心很大，她愿意为了孩子做出自我突破。两天以后，妈妈就开始报喜，报告孩子的各种转变。每天，妈妈都会发现孩子的进步。妈妈有决心，也知道正确的方向了，孩子的变化就会迅速而强烈。曾经有一个重点中学的孩子妈妈，因为孩子不想上学，闹着退学，让父母焦头烂额，但是，调整两个星期后，孩子的状况就改变了，两个月后，已经判若两人了。可是，这一切，并不是孩子在完成，而是妈妈的改变在影响孩子。

我总觉得家长就是孩子行为的根，孩子仅仅是果，根健壮，果自然就会肥硕。所以，当孩子让你担忧，别轻易放弃，改变的根本也许就在你身上。

年轻父母需要尽快成熟起来

赵忠心

有了子女，做了父母，可以说是“瓜熟蒂落”了。怎么，还有个“成熟”不“成熟”的问题呢？这个标题确实令人莫名其妙。

人做了父母，标志着已到成年，即“成熟的年龄”。但这指的是“生理年龄”，即以人体的组织、器官、结构系统和生理机能的生长和成熟程度为指标，以出生后实际生活过的年数和月数位计算单位的年龄，亦即“实际年龄”。

事实上，除了“生理年龄”以外，每个人还有个“心理年龄”，就是指人的整体心理特征所表露的年龄特征。

从理论上说，人的“心理年龄”与“生理年龄”的发展应该是大体一致的。但实际上人的“心理年龄”与“生理年龄”往往并不完全同步，这是普遍的现象。有的人显得比实际年龄要大，人们称之为“早熟”；有的人则显得比实际年龄要小，人们称之为“幼稚”。

何谓“幼稚”？《汉书·外戚传下》中说：“幼稚愚惑，不明义理。”引申指缺乏经验或智能薄弱。一个人“生理年龄”成熟并不意味着“心理年龄”也同时成熟。

书画阅读　三等奖　花筱悦
云南省保山市腾冲联社固东信用社

比如初为人父母的人，虽然提升了一个“级别”，转换了“角色”，但一般都显得比较幼稚。特别是“80后父母”，由于人生经历和生存环境特殊的原因，在子女抚养、教育问题上往往表现得还很幼稚。

由于他们是家里“绝无仅有”的一个，年龄再大，在家长眼里也还是孩子。在这种心理暗示下，许多“独一代”做了父母还在父母面前撒娇，似乎没有成熟的那一天。

你看，不少“80后”已经到了结婚年龄，只恋爱不结婚；结婚后，也迟迟不要孩子，说“我们还是小孩子，还没玩够呢！”父母催急了，就说：“你们想要孩子，我们就给‘你们’生一个！”

生孩子后，约有70%的“独一代父母”把孩子交给父母养育。每天下班回到家，把孩子抱在怀里，其他诸事不闻不问。饭后，跟孩子一起边看电视边有滋有味地嚼薯条、喝可乐，或是一家三口一起兴致勃勃地玩电子游戏一直到凌晨，尽享天伦之乐；有的还隔三岔五地带孩子外出吃肯德基、麦当劳、比萨饼、热狗之类的洋食品，自己从小形成的生活习性和兴趣爱好，毫不保留地一一传给“独二代”。

面对这种情景，许多老人无奈地感叹：“过去孩子没结婚时家里是1个孩子，结婚生子之后，家里等于有了3个孩子。”许多“独一代父母”害怕自己有了孩子后成为“孩奴”，他们自己还没有成为“孩奴”呢，而他们的父母，就已经成为名副其实的“孩奴”了。

现在的年轻父母舍得在抚养孩子上投入，花钱大手大脚，挥金如土，毫不吝啬。信不过国产的儿童食品和用品，不管花多少钱，一律使用外国生产的，还得是高档的。孩子吃的奶粉得买外国的，奶嘴、尿不湿、洗涤液、衣服、玩具……都得是进口的。如电视剧《蜗居》里所说：“吃进去的奶粉，进口的，一百多块钱；拉出来要用尿不湿，名牌的，又一百多块钱。进出都要钱，整个一‘双向收费’！”而且还是“高收费”。

要问他们怎么不知道省着点？用不着，他们心里有底数。因为他们有坚强的后盾，有取之不尽、用之不竭的充足经济来源。公婆、爹妈的存款和房产，他们是绝无仅有的唯一继承人，最后还不都是他们的，无需有后顾之忧。至于将来公婆、爹妈老了，上有老，下有小，夫妻二人要怎样赡养四个老人的事，还没想过，到时候再说。

面对孩子的培养教育，不爱动脑筋思考，没有主见，人云亦云，亦步亦趋，赶时髦，随大流。看别人家的孩子上了什么亲子班、兴趣班、特长班、提高班，不管自己的孩子是否喜欢，有没有兴趣，是否具备那种素质和能力，就像“傻子过年看邻居”，随大流，盲目从众。许多情况是“剃头的挑子——一头热”，家长兴趣蛮高涨，孩子却没兴趣学；孩子啥也没学会，家长却学得都可以当“助教”了。

看别人家给孩子买了钢琴，砸锅卖铁也给自己孩子买一架。这些年来，给孩子购买钢琴的，就像年轻夫妇离婚率一样与日俱增。可究竟有多少孩子

书画阅读　三等奖　于芳　山西省阳泉市郊区育才小学

坚持了下来？凤毛麟角，寥寥无几。要是买个笛子、胡琴之类的乐器，让孩子试着学学器乐，孩子不想学了，笛子、胡琴担子还可以当个烧火棍使。孩子学钢琴要是半途而废，偌大的钢琴能有什么用？当旧货处理赔钱太多，舍不得。只好留着，给孙子重孙子留着。可儿子还没多大，有孙子更是遥遥无期的事。只能像家里的缝纫机一样，又平添了一件“摆设”。不过，这不是普通的“摆设”，而是价格不菲的“高级摆设”。

听说某某玩具能开发孩子的智力，便慷慨解囊，不惜重金给孩子买来。比如上个世纪末陆续从国外传入中国的“魔方”、“变形金刚”、“电子游戏机”等，年轻父母争相为孩子抢购。玩具倒是很有魔力，孩子都是爱不释手，废寝忘食地着迷，不顾一切地玩耍。但究竟开发了孩子多少智力，不得而知；因沉溺于玩玩具而荒废学业的孩子，却是大有人在。许多年轻父母为此后悔不已。

一个人心理年龄的高低和自身的经历、生存环境等因素密切相关。“80后父母”基本上都是独生子女，不可多得，在家长眼里弥足珍贵。从一出生就成为全家人关注的中心，在被无微不至的呵护、照顾中长大成人。只有被呵护、照顾的经历和感受，而没有照呵护、顾别人的实践和体验。为人父母之后，一下子便由“被呵护、照顾”变为“呵护、照顾别人（孩子）”，角色“突变”，很难立刻适应。这是可以理解的。但抚养、教育“独二代”的历史使命，不允许“独一代父母”继续“幼稚”。

“独一代父母”必须明白，父母是孩子生活的引路人，是孩子的塑造者，幼稚的父母不可能培养出“成熟”下一代。要承担起抚养、教育第二代的责任，“独一代父母”必须脱胎换骨，在抚养、教育实践中早日进入“父母角色”，尽快成熟起来。

妈妈太勤快别怪孩子懒

关　颖

前不久，偶尔听到邻居几位大妈聊天说到干家务，有人满脸轻松："我们家老头儿，买菜做饭全活儿！儿子小日子过得不错，也不用我管。"有人满嘴牢骚："我们家老的少的都是油瓶子倒了不扶的主儿，我整天累死累活，他们不帮把手不说，那回我腰扭了起不来，俩大老爷们做碗面都不会……"还有的说："自打我儿子结了婚，这家务活儿我得干两份儿。儿子懒，儿媳妇笨，洗个衣服都一团糟，我不管行吗？"还有个大妈这样说："都是你们自己太勤快了，把他们惯坏了！"……

大妈们说的现象，在不少家庭都存在。孩子长大成人后在干家务上的"懒"与"笨"，是小时候缺少锻炼、没有养成劳动习惯的必然结果。细细想来，最后一位大妈的话不无道理，都是被妈妈"惯坏"出来的。

家务劳动本是每个家庭成员的事，可是在一些家庭成了妈妈的"专利"。不只是传统的"男主外，女主内"观念的影响，也有妈妈过于勤快、对家务活儿大包大揽，剥夺了孩子参与家务劳动权利的因素，致使孩子失去了动手做事的机会。

有的妈妈心疼孩子。觉得孩子起早贪黑上学写作业负担够重了，学习好

书画阅读　优秀奖　王莉　广西电网有限责任公司桂林供电局

了是头等大事，就别让孩子干家务活儿耽误工夫了，甚至连孩子收拾书包、整理自己房间等本应自理的事也全承担了，孩子依赖大人也就成了习惯。

有的妈妈是没有耐心教孩子。一个妈妈让5岁的孩子洗手绢和袜子，孩子搞了满盆的肥皂沫。妈妈一看便急了："这孩子真笨，用得着使那么多肥皂吗？得了，得了，别干了！"于是抢过来自己接着洗了。

还有的妈妈对孩子要求过高。太能干的妈妈常常用大人的标准要求孩子，嫌孩子刷碗刷得太慢、扫地扫得不干净、被子叠得不整齐……当孩子做点什么总是说"去去去，别给我添乱了！"久而久之孩子形成一种心理定式，觉得自己就是不行，什么都干不好。失去了承担劳动、干好家务的信心，也就不愿意动手做事，把自己当成了家务劳动的"局外人"。

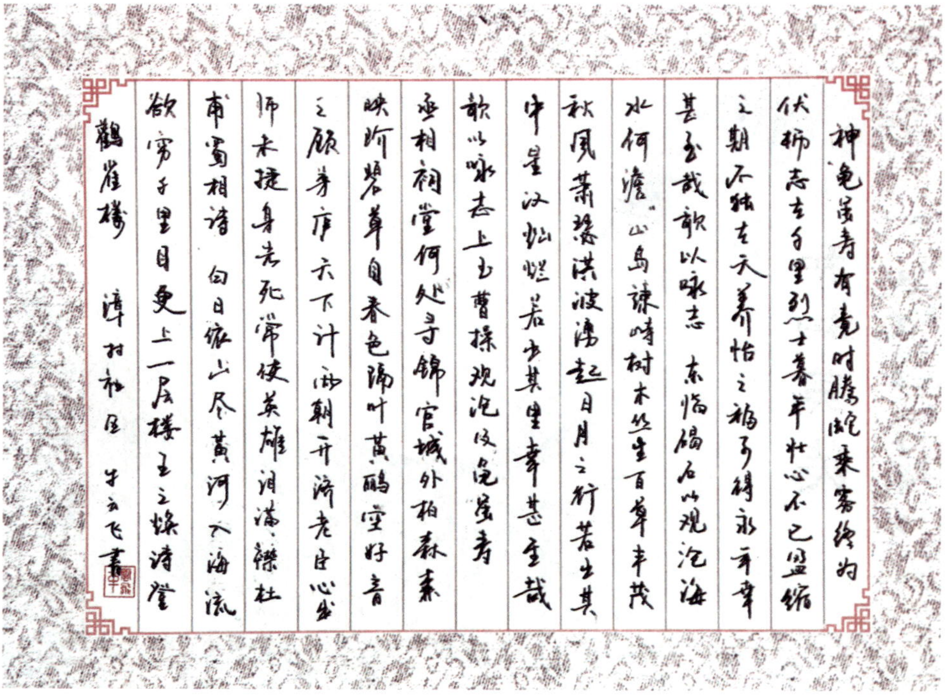

书画阅读　优秀奖　牛云飞　山西潞安集团漳村煤矿

过于勤快的妈妈们随着年龄的增长渐渐衰老，感到力不从心，但依然摆脱不了“受累的命”；更大的问题是几十年来自己辛辛苦苦为孩子、为家庭付出的结果是，长大成人的孩子缺少承担家务劳动的意识和做家务的能力，尤其给成家后独立生活带来太多的困难，依然摆脱不了对父母的依赖，两代人的生活质量都受到影响，幸福指数大打折扣。

在前不久进行的“我国家庭建设的瓶颈分析”调查中，从对天津市某区4个年度法院离婚案件的统计发现，自述离婚是因为“家庭生活琐事”的高达59.1%，其中不乏夫妻间因承担家务相互推诿而导致情感危机、因父母过多干预子女家庭生活引发两代人冲突的个案。

由此，我想奉劝那些过于“勤快”的妈妈们，眼光放得远一点，双手放得开一点，在孩子面前“弱势”一点，在孩子小的时候，多给他们一些参与家务、动手做事的机会。不仅仅是为了与大人分担劳动，更是为了培养孩子做人的能力，为了他们日后的生活幸福。毕竟劳动习惯的养成不是一朝一夕的事，劳动技能掌握和从事劳动的能力都不是天生的，最简单的劳动对孩子来说也需要有一个学习的过程。这是一种人生的能力储备，比知识储备对孩子更重要。

2015年，教育部联合共青团中央、全国少工委颁布的《关于加强中小学劳动教育的意见》中特别提到“鼓励家务劳动”，指出劳动教育“在家庭中被软化”的问题，并要求家长“成为孩子家务劳动的指导者和协助者”与学校“形成劳动教育合力”。在我看来，孩子的劳动教育，最具优势的是家庭。家庭教育与学校教育不同，其突出特点是潜移默化、家长以身作则。在劳动教育中，家长不仅是“指导者和协助者”，更应当是孩子的示范者和引领者，是家务劳动氛围的创造者。家长不是把自己与孩子割裂开来，过于强调“你应当”如何、你“帮我”做什么，而是与孩子在共同的家务劳动中探讨“我们应当”怎么做、“我教你”怎么做。

如果勤快的妈妈们把自身能干的本事多传授给孩子一些，您的孩子一定不懒也不笨，必然会在未来成家立业之后享受更多的幸福和快乐。

（2016年5月5日　本文发表于《中国妇女报》家教周刊）

品味书香

书　　名：大师教你做父母②——对话陶行知

作　　者：朱永新 编著

出 版 社：湖北教育出版社

出版时间：2014年6月

[鉴赏导读]

全书分为四大章节，每一个章节都有陶行知先生的文章精华，有朱永新老师的深刻解读，还有广大网友们的智慧互动。

家庭教育是最重要、最必需、最刻不容缓的工作，对于孩子，我们既不能简单说教，也不能听之任之。教育不是闭门造车，需要我们在生活中磨炼，也需要在生活中捕捉，教育和生活的结合，一定能让孩子的童年乐趣多多……

新教育需要新父母，新父母培养新孩子。榜样的力量是好的，但理解、爱和尊重更不可少。作为父母，我们要俯下身子，走进孩子的队伍，走进孩子的心灵，深入孩子的精神世界，才能真正地了解孩子，及时满足孩子的需要，让孩子呈现本来之美，孩子的世界就会充满阳光。

真正的教育是不显山，不露水，真正的教育是润物无声。家庭教育任重道远。

也许，你还在为孩子的教育焦虑；也许，你还有许多困惑；也许，你还在教育的路上迷茫；也许，你还在苦苦思索，怎样做一个好父母，怎样教育一个好孩子……不要再彷徨，不要再犹豫，翻开这本书，你的疑虑都将会在阅读的过程中得到解惑。

认清父教的三大优势

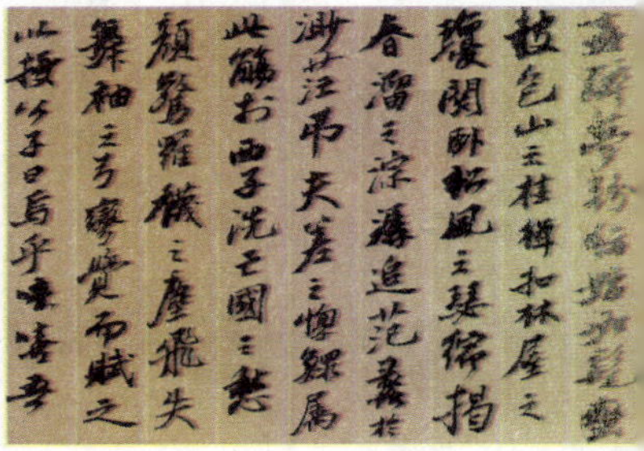

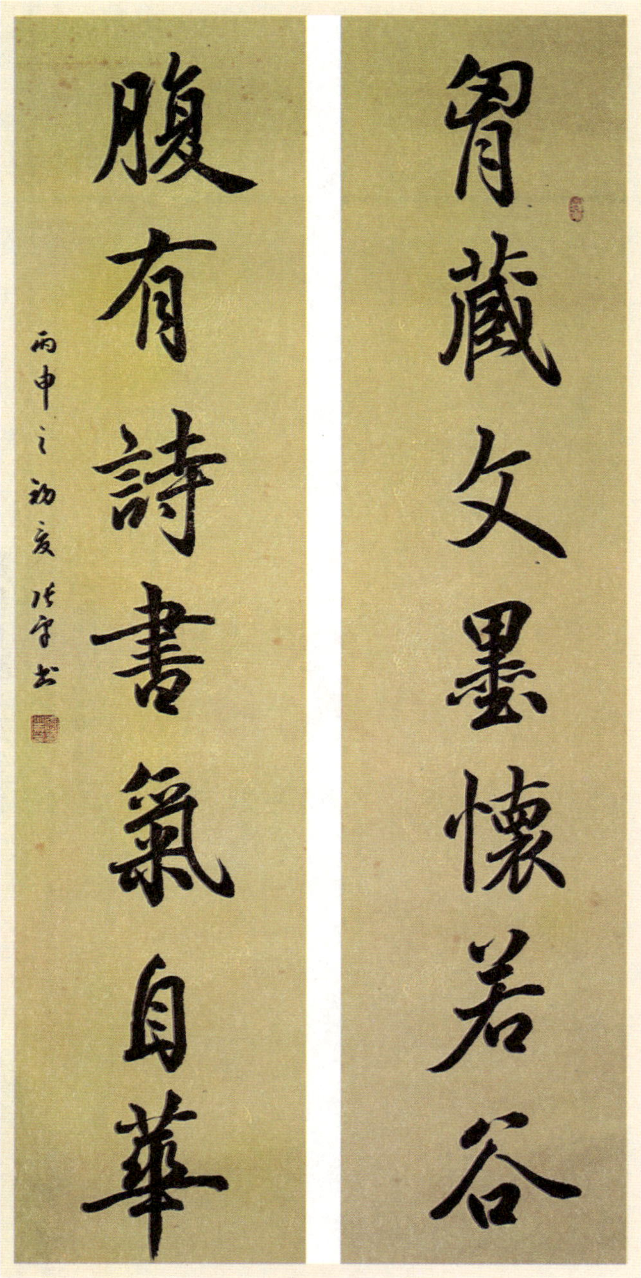

书画阅读　二等奖　张平　广东电网有限责任公司珠海供电局

父亲在孩子成长中作用如何体现

赵忠心

2014年年初，我们学校教育学部在读的家庭教育方向研究生要撰写学位论文。几个学生到我家，谈起父亲在家庭教育和孩子成长中作用的话题。

说现在的孩子都缺乏“阳刚之气”，主要原因是做父亲的在家庭教育中缺位，陪伴孩子时间少。父亲要多陪伴孩子，以自己的阳刚气质影响孩子。甚至有人断言：不陪伴孩子的父亲是不合格的。

我没有简单地直截了当地否定、驳斥学生的观点。我对学生讲述了我的成长经历。

我对几个学生说，我是抗日战争最为残酷的年代1941年出生的。

1945年，我3岁半时就失去父亲。那年父亲28岁，母亲27岁。1996年，母亲去世，守寡半个世纪（51年）才与英年早逝的父亲入土为安。

我父亲一直在抗击日本鬼子侵略，我从小就没有父亲陪伴。你们看我身上有现在一些家庭教育文章中指出的那些缺陷吗？诸如“娘娘腔”，胆小怕事，畏畏缩缩，唯唯诺诺，逆来顺受，不思进取，无所作为，自信心不强，不敢担当，缺少阳刚之气？

有吗？丝毫没有。我就是没有父亲的陪伴成长起来的一个人。

我的父亲生前先是我们村的村长，后是区武工队长。他年轻有为，精明强干，英勇善战，抗日战争一开始就全身心投入抵抗日本侵略者的斗争。他出生入死，身先士卒，英勇奋战，一直率领乡亲战斗在抗日战争的第一线，在我们当地是著名的抗日英雄。

我小时候很少见到父亲，父亲一生中只给我留下唯一的一个印象：

大概是在我3岁的时候，有一天下午，我正在我家院子里玩耍。母亲说你爹回来了。我回头一看，我家大门口站着一个就像今天的电影《小兵张嘎》中的罗金宝叔叔那个形象：一身蓝色大褂，头戴一顶礼帽，鼻梁上架着一副墨镜，英武倜傥。

我一看，愣住了，母亲说这就是你爹呀！我很长时间没有见到父亲了，甚至都不认得他了。听母亲说，父亲常常是在夜深人静时回到家，看一眼他一直惦记着的、已经睡熟了的儿子就走。因为当时环境特别残酷，村子里又有汉奸，不能在家久留。父亲倒是常常见到我，我却很少见到父亲。因此，对父亲印象很淡薄。

听母亲说这是我爹，我如梦初醒。赶紧喊着“爹，爹，爹”一路小跑过去，一下子就扑到爹的怀里，抱住我爹的腰。

“当”的一声，一个硬邦邦的家伙撞在我的头上，火辣辣的生疼，我一个劲地胡噜我的脑袋。撞得太猛了，我强忍着，差一点儿没哭出来。

原来父亲腰间别着一把手枪。我的个子正好到父亲的腰间，撞了个正着。

在我的记忆中，一生的记忆中，我父子俩就有这绝无仅有的一次交集。其他的印象一点儿也没有了，再也没有了。

父亲虽然没有陪伴过我，但我从记事时起，就知道父亲是打日本鬼子的。父亲去世时，离抗日战争胜利只有5个月，父亲没有亲眼看到他出生入死一生为之奋斗的革命事业的圆满成功，终生遗憾。

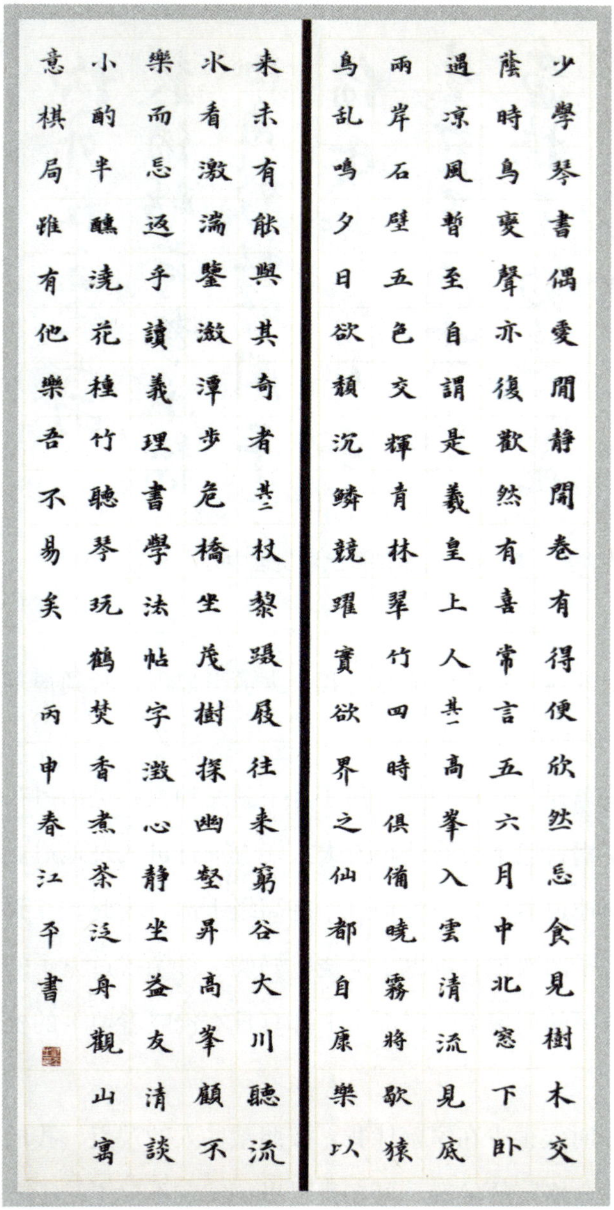

书画阅读　三等奖　江平
安徽省安庆市大观区德宽路第二小学

听乡亲说，父亲出殡那天，我们那个上千口人的大村子的乡亲，全都来到大街上默默地给父亲送行。由舅舅抱着我打着幡在灵车前走着，由于害怕，我一个劲儿地哭着要找我娘。此时此刻，我娘悲痛欲绝，在父亲的灵车后哭得死去活来。

父亲去世时年仅28岁，正是年富力强、年轻有为之时，很多人眼含热泪扼腕叹息。

留下不到4岁的我，2岁的妹妹和不到1岁的弟弟，母亲那年27岁。这孤儿寡母将如何生活下去？乡亲们禁不住都欷歔流涕。

父亲人不在了，

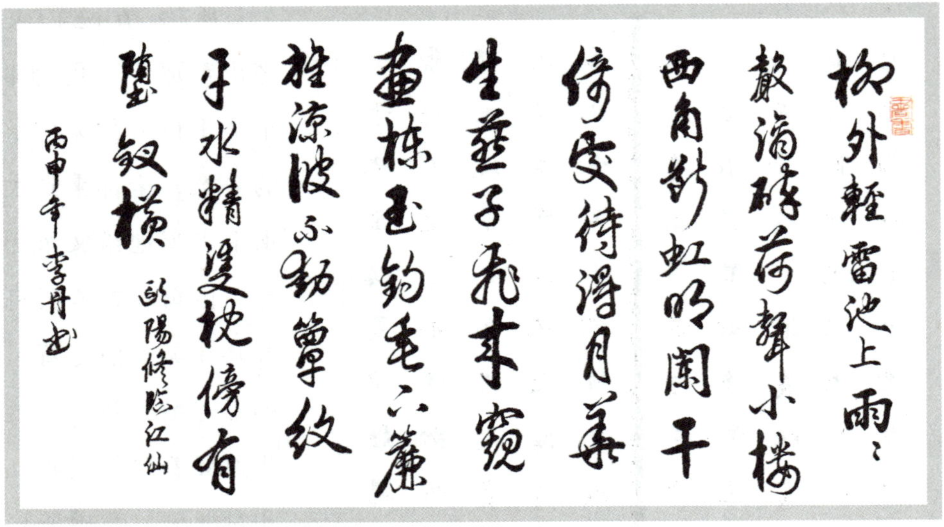

书画阅读　优秀奖　李丹　上海铁路局上海货运中心

但他的英雄事迹一直在周围的村子里广泛流传。我长大懂事以后，听到很多我父亲与日本侵略者英勇斗争的传奇故事。

抗日战争时期，我的家就是“堡垒户”。房子地下就是地道，进出口在我家牛棚的牛槽底下，西屋锅台底下，我还跟着大人端着油灯进入过地道。经常有八路军的伤员在我家地道养伤，还救护过一些高级干部。为此，在我家曾打过几次仗，我家的房子两次被日本鬼子焚烧，奶奶、母亲挨过鬼子的枪托，家具被砸毁。我家西屋的门扇上和旧饭桌上都有日本侵略者留下的枪眼。

像我父亲这样，在我小时候很少在家陪伴我，按照某些人的观点，我的父亲应该是一个典型的“不合格”的父亲。可在我眼里，父亲不仅不是不合格的父亲，而且是一位伟大的父亲。

小时候，父亲虽没时间陪我，但他的英雄形象早已经印刻在我的脑海里。长大后我想：战争结束了，我没有机会成为父亲那样顶天立地的英雄，但一定要成为父亲那样的人，做一个像父亲那样对社会有益的人。

讲完我和我父亲的故事，我问学生：父亲在孩子成长过程中的地位和作用，究竟体现在什么地方？只是天天跟孩子玩耍吗？显然不是的。

父亲有条件、有时间陪伴孩子，当然很好。但由于不可克服的实际困难，即或不能时时刻刻陪伴在孩子身边，也不会对孩子没有任何的影响。因为父亲和孩子有血缘关系，打断骨头还连着筋呢！

父亲在孩子成长过程中的地位和作用，主要是体现在父亲的人格和在孩子心目中的形象。如果做父亲的压根儿没有父亲的“样子”，整天价胡吃闷睡，无所事事，不思进取，无所作为，一无所成。像这样的人，即或是做全职父亲，从白天到晚上，时时刻刻都跟孩子在一起厮守，形影不离，也是没有积极意义的。

父亲的作用，最要紧的是父亲自身的修养，父亲的人格，是事业有没有成就，有没有建树，对社会有没有贡献。

现在一些刊物上很多关于父亲地位和作用的文章，说每天陪伴多长时间就合格，陪伴少于多长时间就是不合格，云云，这只不过是一种主管臆想、胡乱编造而已。

要充分看到父亲在培养教育孩子中的优势

赵忠心

父母共同培养教育，孩子可以将父母的长处、优点兼收并蓄。在父母共同的影响下，形成比较完善的人格和完美的气质，使男孩既有男人的阳刚之气，又有女人感情丰富的特点；使女孩既有女性特有的温柔，也不失刚强的性格。

有的家庭，做父亲的认为自己是做“大事业”的，管小孩子这类“婆婆妈妈的小事儿”，懒得过问。于是，便把培养教育孩子的事一股脑儿“推”给母亲。

完全由妈妈“包办”孩子的培养教育会留下隐患

教育孩子的事由母亲一个人承担，从对家庭的责任感和奉献牺牲精神这一点来说，的确令人敬佩。

然而，从对孩子的教育和孩子的成长来看，不见得是最佳选择。

做母亲的，是有独特的优势，诸如热爱家庭、乐于奉献、吃苦在前、享受在后，甘愿为孩子做出牺牲，等等。这些优秀品质和高尚人格，本身就是

书画阅读　三等奖　唐雨婷　中航工业沈阳飞机工业（集团）有限公司

非常重要的教育因素，时刻都在感染、影响着孩子。作为女性，也有一些天然的、是一般男性所不能比拟的长处，诸如感情丰富细腻，做事考虑细致周到、对人关爱无微不至等等，把孩子交给母亲是让人放心的。

然而，也不能不看到，由于社会、生理、实践等方面的原因，女性自身也有她们难以克服的弱点，比如，有的敏感多疑，有的心慈面软、心理承受力差，有的过于注重小节，等等。这些弱点，对孩子在性格、气质上也会产生深刻的影响。

常常听到有人说：现在很难寻找到真正的“男子汉！”这恐怕和孩子后天的生活环境和受到的教育，不无关系。如果完全由母亲“把持”的局面不改变，肯定是不利于孩子的健康成长。不仅会使男孩“女性化”，缺乏阳刚之气；女孩的性格也会更加的柔弱不堪。

要充分看到并发挥父亲在培养教育孩子中的优势

我不是“大男子主义者”，绝不是看不起女人，尤其是绝不敢小瞧现代女性。

当然，更不是说男人都是“十全十美”、“完美无缺”，没有弱点。男人也有一些天生的弱点，比如，有的感情粗糙、容易态度粗暴，有的大大咧咧，不细心等等。如果只是由做父亲单独培养教育子女，同样也是不利的。

应该看到，男人还是有他们的长处和优势的。男人一般是具有实践丰富、心胸开阔、性格刚强等长处，在教育子女中还是一种优势。

1998年6月美国出版的《父母》杂志中，父亲被认为对孩子的成长，以至于一生有下列影响：一是父亲更爱与孩子玩闹；二是父亲使用的语言更丰富更复杂；三是父亲对孩子管束更多；四是父亲更好地帮助孩子发挥潜能；五是父亲更多地介绍男人在现实生活中的行为和作用；六是父亲对孩子成长推动作用更大；七是父亲更能有效地促使孩子社会化，为走向社会作准备；八是父亲支持妻子、关心孩子，影响孩子形成家庭责任感和社会责任感。

总之，父亲在孩子个性形成和行为塑造方面，确实起着非常重要的特殊的作用。

夫妻“搭档”育子女好处多

因此，夫妻“搭档”共同教育子女，要比母亲一个人“单枪匹马”好得多。

第一，父母共同培养教育，可以互相配合，互相支持，取长补短，扬长避短，优势互补，形成强有力的教育合力。这样，既可以避免“孤军奋战”的“力不从心”，也可以避免孩子“钻”家长“顾此失彼”的“空子”。

第二，父母共同培养教育，可以集思广益，考虑周全，方法全面，对孩子的要求和教育措施更实际，能够有效地避免因一个人“独断专行”而出现的主观、片面性。

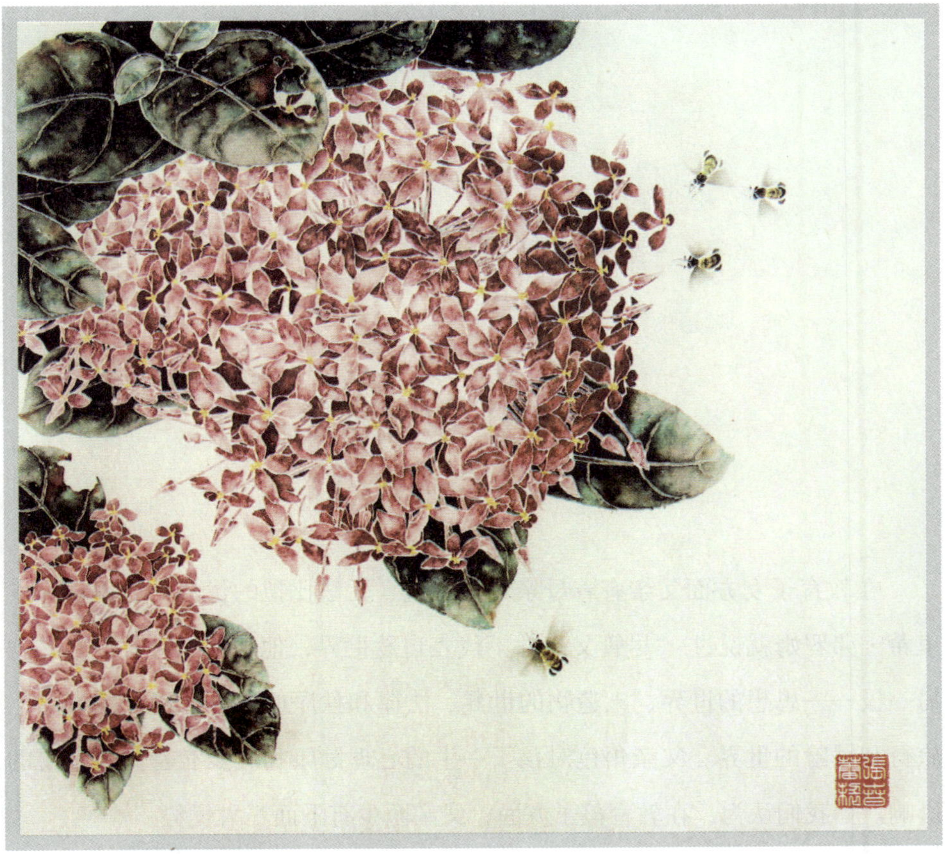

书画阅读　三等奖　张春蕾　安徽池州学院

第三，父母共同培养教育，孩子可以将父母的长处、优点兼收并蓄。在父母共同的影响下，形成比较完善的人格和完美的气质，使男孩既有男人的阳刚之气，又有女人感情丰富的特点；使女孩既有女性特有的温柔，也不失刚强的性格。没有父亲参与的家庭教育，是不完全的教育，培养出来的子女在性格、气质上往往有缺陷。

认清父教的三大优势

孙云晓

在教育子女方面父亲有着母亲无法替代、无法比拟的优势。心理学家埃里希·弗罗姆就说过："尽管父亲并不代表自然世界，他却代表着人性存在的另一极——思想的世界、人造物的世界、法律和秩序的世界、纪律的世界、旅行和冒险的世界。父亲角色对孩子一生的心理健康和成长有着非常重要的影响。"我们认为，在教育孩子方面，父亲至少有下面三大优势。

父教是性别之育

父亲是一位男性，母亲是一位女性，这种最为显著的性别差异使父亲在男孩女孩的性别形成和塑造过程中发挥着不可或缺的作用。

一个健康的父亲角色的存在对男孩的性别塑造是必不可少的。父亲是男孩的第一个也是最重要的男子汉榜样，男子汉气质就是顺着父亲这座桥梁由父亲向儿子传递的。父亲对男孩性别角色的形成、性别行为的塑造以及性别社会化的完成发挥着至为关键的影响。

男孩对男性的认识，是从父亲开始的。从父亲身上，男孩学习如何举手

书画阅读　优秀奖　曹慧敏
山东省嘉祥县粮食局

投足，如何待人接物，如何关爱女性。每个父亲都很容易从男孩身上发现自己的影子，每个儿子长大以后也会发现自己越来越像父亲。

研究发现，充满男子汉气概的男孩，其父亲的教养行为往往是果断的、支配性的。相反，如果父亲在家里是软弱无能的，母亲具有支配性，那么，男孩对男性的性别认同就会受到严重伤害，男孩会表现出过多的女性化气质。模仿是男孩性别角色形成的基本途径。

父亲是男孩的玩伴，习惯用男性特有的力度和行为风格对男孩产生特殊的吸引力。美国心理学家谢弗研究发现，在游戏中，父亲会严格地按照社会所规定的性别角色标准来要求男孩玩那些适合其性别的游戏，否则，父亲就往往会惩罚男孩，这使得男孩更好地习得了男性的角色和行为模式。

父亲对女孩的性别角色塑造同样十分重要。父亲是女孩的第一个也往往是最重要的男性朋友。女孩的性别形成过程中，第一个途径是母亲，这个途径是直接的，主要是通过对母亲的模仿；另外一个途径就是父亲，这条途径是间接的，主要通过接收父亲这个异性的信息反馈。

在女孩很小的时候，父亲往往比母亲更加鼓励女孩去从事那些符合传统性别角色的活动，比如玩布娃娃等等。在这个过程中，女孩往往会根据父亲的指导调整自己的行为以符合自己的女性角色。父亲欣赏的性别行为往往就会被保留下来，父亲不予以鼓励的性别行为往往就会慢慢消失。父教缺失同样会对女孩性别角色的形成造成混乱。缺乏来自父亲的信息反馈，女孩往往就会对自己的性别角色感到困惑，在与男性打交道时，也不知道如何表现自己，表现出更多的焦虑。

父教是规则之育

孩子的成长是一个逐渐社会化的过程，刚刚出生的婴儿是完全没有规则意识的，他可以自由地吃喝拉撒睡，一旦需要得不到满足，往往以哭叫的方式来自由表达。随着孩子的发育，孩子开始跟外部世界发生更多联系。大约两周岁时，孩子就需要一定的规则和指导，以现实的、符合社会要求的方式来满足自身的需要。这时候，父母需要根据孩子的理解水平逐渐给孩子立规矩，了解社会规则、道德原则、风俗习惯以及行为规范。儿童成长的过程是一个规则意识逐渐形成、规则行为习惯化的过程。

“没有规矩不成方圆”，我们的家庭乃至整个社会都是由规则构成的。一个有规则意识的孩子才能融入社会、适应社会，为这个社会所接纳，才有施展抱负的空间，才有成功的可能。那些违法犯罪的青少年往往都是一切规则意识没有建立起来的青少年，当他们的个体需求得不到满足时，不是调整自己，而是以身试法，最后锒铛入狱。

在孩子规则意识、规则行为形成的过程中，父亲扮演着更为重要的角色，父亲往往被看作孩子的规则来源。著名心理学家弗罗姆也认为父亲的世界是“法律和秩序的世界、纪律的世界”。在生活中，我们也不难发现，母亲会表现出更多的包容，父亲更喜欢给孩子立规矩。如果连父亲都不舍得给孩子立规矩，那么往往就会没有人给孩子立规矩。李双江的儿子无照违法驾车并殴打他人的事情，就是典型的没有规则意识的行为，而这正是李双江对孩子缺乏管教、没有给孩子立规矩造成的。

让孩子认识规则、了解规则并按规则行事，有时候看起来像是一种限制，但实际上这是一种重要的保护。有一项研究，想了解小孩子在设有篱笆和未设篱笆的游乐场游戏，哪种环境下比较守规矩。研究结果表明：小孩子在未设篱笆的游乐场会比较没有安全感，他们所到的场地范围较小，大都挤在游乐场中央；有篱笆的保护时，孩子游戏的范围更大，一直延伸至篱笆的边缘。

父教是运动之育

男性天生比女性有更高水平的运动潜能，这是人类长期进化的自然结果。运动是男性的天性，男性体内的肌肉水平更高，男孩体内澎湃着更高水平的雄性激素，这些都使得男性比女性更喜欢运动。因此，父亲在发展孩子的运动兴趣、提升孩子的运动能力方面往往具有母亲无法比拟的作用。从下面两位父亲和两个孩子身上我们将会看到，这种作用体现得特别明显。

一位是康康，他曾经是中央电视台体育频道的节目主持人，现为驻外记者。他的父亲康健是我（孙云晓）的好朋友。

康健是北京大学教授、原北大附中校长，他的儿子康康出生时，体重只有5.2斤，令父母有些担心。于是，康健决定实践他独特的健康第一、体育为主的家教方针。

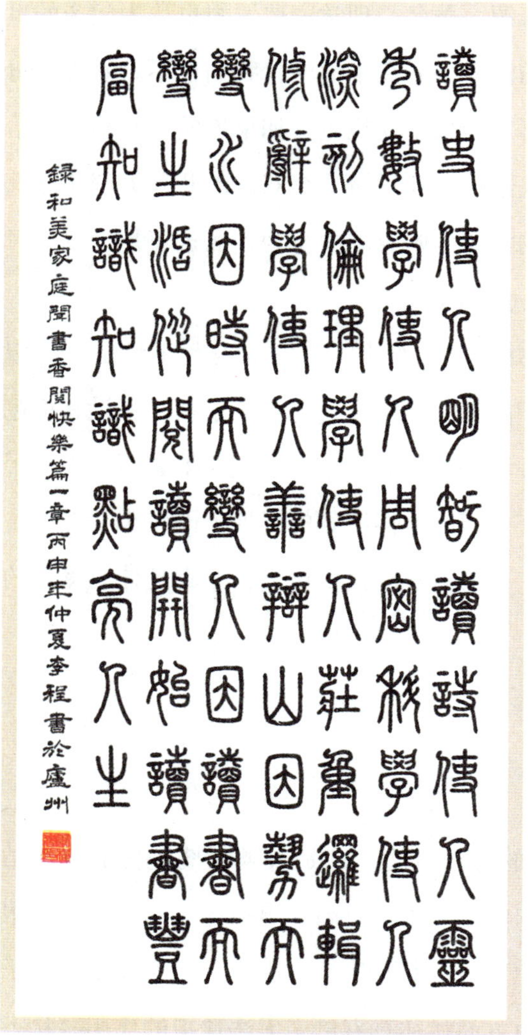

书画阅读　优秀奖　李程　中移在线安徽分公司

之所以把体育作为头等大事，康健说：“原因有两个，一是我的父母是医务工作者，他们认为健康是一切的基础，所以给我起名叫康健，反过来就是健康。在父母的熏陶下，我从小就养成了良好的卫生习惯，并热衷于户外活动。二是我很早就读过洛克的《教育漫话》，他在教育理论中突出强调的特点是关注人的健康。给我印象最深刻的是，那个时代的人都意识到，无论做什么工作，最重要的是良好的身体素质。”

从儿子刚会走路到初中毕业的十几年里，康健每天都带儿子进行至少1小时的体育锻炼，从未间断。当儿子入学以学习为主要任务后，坚持运动碰到了不少阻力。可是，康健依然认为，还是健康最重要。他说，提早为孩子在智力上作选择，也就是学习琴棋书画等特长并不明智，应让孩子长大后自己选择。

康康上小学高年级时，快放寒假了，学校里有两个训练班要活动，一个是专业足球班，另一个是学校奥数班，康康只能选择一个。康康喜欢数学，也很喜欢足球，但他没有勇气到足球班去，因为足球训练强度很大，而且要住宿。这时父母的态度就很重要。

康健知道孩子在体力方面不如别人，但他想让孩子经受一下磨炼，知道普通人和专业运动员的差别。于是，康健鼓励孩子上了足球班。那个假期至今令康康难忘，因为那是他经历的最艰苦的日子，每天从早到晚，都在进行高强度的训练。从那以后，康康觉得自己比以前更勇敢了。

康健发现长期进行体育锻炼对康康的智力发展大有好处。虽然康康用在学习上的时间少于别人，但学习成绩总是名列前茅，原因在于精力旺盛，听课专心，作业完成速度快。即使偶尔失利，也充满自信。后来，身高1.80米的康康，成为清华大学物理系的学生。他兴趣广泛，体格健壮，状态良好。

另外一个例子是李红，国际奥委会驻中国首席代表，她喜爱运动的习惯又成就了她的人生，用她自己的话说，“自己是一路‘跑’进国际奥委会的”——她从天津跑到清华，又从清华跑到哈佛，最终跑向神圣的奥运殿堂，既收获了梦想与成功，又收获了一个幸福的家庭。她把这一切都归功于父亲，是父亲的督促和鼓励让她喜欢并且养成跑步这个好习惯的。

李红出生在天津一个普通的知识分子家庭，身为大学教授的父亲认为，长跑是锻炼健康体魄、培养坚毅品格的最佳课程。

6岁生日前一天，父亲告诉李红:“红儿，明天是你的生日，爸爸要送你一件特别的礼物。”李红一听，高兴极了。第二天早上，李红被父亲从被窝里拽起来领到马路上。原来，父亲送给她的礼物是陪他一起跑步。从6岁开始，李红的父亲每天早上都带着她晨跑。有时候，父亲骑着单车陪她跑。在李红最累的时候，他总是严厉地不允许女儿停下脚步。这一跑，就是13年，李红就从小学一直跑到了高中毕业。

天津人都熟知的水滴体育馆所在地，就留下了李红儿时跑步的足迹，那时候家是起点，那里是终点，两者相距3公里，她每天早晨奔跑往返于其间，从小学一直跑到高中毕业。运动给李红带来的不仅仅是健康的身体，还有不断挑战自我、战胜自我的喜悦。

1986年，带着学习尖子和体育尖子这两顶帽子，李红顺利地考入了清华大学土木工程专业。从那以后，每天下午4点，李红都会停下手头的功课冲上操场，开始雷打不动的跑步锻炼。在清华的几年，李红一直是校体育代表队女子400米、400米栏、4×400米接力的主力运动员。4年大学生活，李红收获的不仅是扎实的专业知识，还有“400米女王”的称号。

她一路跑进了哈佛大学的校园，在哈佛校园，她每天仍不忘跑步。在跑步的时候，她的身边不知什么时候多了一个男生，他们互生好感，由相识到相爱，热爱运动的她认识了同样热爱体育的老公。

自从2001年7月北京成功申办2008年第29届奥运会以来，国际奥委会就一直在寻觅一个人。这个人必须同时符合3个条件：第一，必须是中国人，会讲中国话，在中国出生；第二，要在美国受过教育，要有在美国大公司工作的经历；第三，这个人要熟悉欧洲的文化——因为国际奥委会总部设在瑞士洛桑。这个人将在未来的几年内，担负起国际奥委会北京2008代表处首席代表这一要职。李红正好符合这3个条件。她顺利地成为国际奥委会驻中国首席代表，为2008年北京奥运会的顺利举办做出了贡献。

李红在接受采访的时候，特别感谢父亲，感谢在6岁那年父亲带她走上跑步之路，并幸运地一路跑进了清华，跑进了哈佛，跑进了国际奥委会，让她同时收获了事业的成功与爱情的甜蜜。

父亲对孩子的影响力

游　涵

“从儿子身上能看到什么？”如果向所有有儿子的父亲提出这个问题，想必他们的回答应该是“能看到当年的自己”。

“看到自己当年的什么？”再问下去，回答可能是:“当年自己的模样”，“自己的淘气”，“自己的玩具”，或者是“自己的眼神儿、性格、营养不良”等。

总之，父亲们都把儿子当作自己生命的重生，或是延伸。他们其中也有许多人，想在儿子身上重新缔造出一个不同的自己——成功的自己、健康的自己或者是令家长满意的自己。

然而事实证明，绝大多数父亲的想象和缔造都会在观察和努力后归于平庸，他们就像那些淘金者，在冒险中折腾了几次后，不得不放弃努力。于是，他们会将自己的力不从心的失败归咎于儿子的不配合，他们会指着孩子说:“你真没用！”

其实这些话都是父亲对自己说的，因为爱才说，因为痛才说，因为他们把儿子视为另一个自己，才说个没完。那是因为他们无力，不是孩子无能。

可由于儿子不得不接受父亲的一切指令，便将本来与自己无关的信息吸收进来，或者认为父亲说的就是事实，或者认为父亲是存心刁难他们，可无论他们怎样认为，不出意外的是，他们也会把父亲当作另一个“我”：长大之后的我、力不从心的我、倒霉的我、成功的我、出轨的我、破坏关系的我，和怀才不遇的我……

这些个“我”，在父亲那些无形和无数的暗示中默默成长着，父亲的一切信息，潜移默化地复制着孩子的一切，并在不知不觉中固化为孩子的潜意识，形成他们的价值观。

老师说，我的儿子在班里是最具领导力的男生，可表面看上去，他并有什么特别之处，然而每当同学之间遇到问题时，他的反应总能让那些同龄的小朋友们感受到一种“可遇而不可求”的魅力。他会冲着犯规的同学大喊:“你被黄牌警告一次”，会指着动作不标准的同学说:“你做操不认真，下次注意！”

但我从未教过他如此发号施令，相反，我被所有认识的朋友公认为最和善的爸爸。所以这一切，他又是从哪儿学的呢?

老师！对，老师经常发号施令，可其他同学为什么不如此作为呢?

有一次，在他们班组织集体活动的时候，我找到了答案——

那是一次外出，所有的同学排队上车。儿子站在他们旁边指挥，他不住地数着人数，还提醒着他们的前后次序，另一边还跟老师汇报着情况……那时，他是一人承担者，或者说是老师的分担者。同学们因此而感到安全，老师也感到省心。

同学们会因此感到有个主心骨，就像那些散兵游勇特别希望有一个领导者，而此人一定是那种负责且坚定的人。

我明白了，他的优势在于此，比如不假思索的自信，以及遇事时的果断，那是一种从心底里生出来的“我可以负责”的力量。而这力量，的确来自我，他的父亲!

书画阅读　优秀奖　刘学玉
中建钢构华中大区纸坊车间

为什么？因为自从他出生后，所有的生活细节，几乎都有我的信号，无论是吃喝拉撒睡，还是出去买东西，回家玩玩具，在马路上、在草地上、在飞机上、在火车上，甚至在自行车和马背上……我们父子的接触几乎是如影随形，就像一个学太极拳的学生时刻注视着老师的一举一动，而且从未离开过半步。

在儿子面前，那些忙碌显得是那么毫无意义，即使再赢得人前显贵的标签，也无法替代我们父子之间的那种真实感受。于是，我陶醉其中，就像阳光对一棵树的诚意。那么，他当然会得到“真传”！无论遇到什么事，他都有章可循——“爸爸遇到这种事会这么做”。他的潜意识里充满了我的信息，“父爱能量”在他身上的密度，甚至不低于母爱。

当我意识到这一点的时候，不觉吓了一跳。孩子那惊人的接收能力，是我们这些家长想象不到的。同时我也非常庆幸，因为我与儿子接触时，传递给他的信息，全部都是经过我筛选处理过的。换言之，它们不是我任性时的

书画阅读　优秀奖　孙铭　山西省临汾市交通运输局工会

情绪产物，也不是我爹传递给我的经验，更不是从所谓专家那里照猫画虎学来的三脚猫功夫。

我给儿子的，是我自己（童年）应该享有，却未曾得到的；是一个孩子本该享受和吸收的，是在尊重童真前提下的引导和接纳。

是的，我像许许多多父亲一样，童年阶段无权享受这种待遇，可这不代表我没有能力提供给儿子。然而这需要一个重要的前提：学会爱自己的童年！

回到本文开始的那个问题："你会从儿子身上看到什么？"

"看到我自己！"

是的，但进一步的答案是："我自己在恐惧、兴奋、愤怒和哀伤时的状态，是我在饭桌上没有胃口，却被逼着吞下那一口口大人的希望和血汗时的无奈；是我的兴趣被大人禁止后的那种阻塞与愤怒；是我的界限被大人侵犯时的无力与伤害……"

我看到的，是一个孩子，一个体重只有几十斤的小生命的单纯与脆弱，以及他的战战兢兢，和时刻关注着父母的脸色。

我看到的，是一个没有自立能力的孩子对父母的全部依赖，是他为了活下去，而对这个家付出的全部努力和牺牲。

因为我看到了自己，那个儿童在屋檐下的心跳、目光、企盼和敏感。那是一个孩子的——也是我儿子的，所以，谁欺负他，就是和我过不去，我不许这种事再发生在我身上，因为，我们这些男人，已经承受得够多了！

所以我深知我和儿子的关系，其实那就是我与自己的关系，同样，母亲和女儿的关系也是她同自己（童年）的关系。可是，我不会再犯我爸对我的那种错误，我不会把“自己认为好的”强加给儿子，我爱吃窝头，不代表他也认为窝头香，他是一个人，有权品尝自己的美味儿，如果他在我的身边连这种尊重都无法得到满足，那么我们这些父亲，又与我们的那些父亲有什么区别呢？！

父亲对女儿来说意味着什么

游　涵

一

爸爸，这个称呼对于一个女孩子来说，不单指异性长辈，更重要的是，这个男人是这个小姑娘一生下来就见到的第一个人异性。对于这个女婴来说，这个高大的男性有几个关键词——亲密、气味、相貌、性格、情绪、音调、动作、爱好、与母亲的关系、规律、与他人的关系、工作、人缘、地位、对自己的态度、常去的地方……

还有，还有，父亲意味着男人，而这个男人的一切，就是这个女婴认为的男性世界。因为，爸爸爱她，她也爱爸爸，父女之间的亲密关系，决定了上述那些关键词的地位，也左右关这个女婴将来对异性的态度。

是的，无论在学校还是在公司，或许在公车上或地铁站……眼前出现一位男生，这小子或许在别人看来没什么特别之处，却特别吸引一个女孩子，于是这女生脸红了，瞳孔放大了，如果有一种仪器跟踪到她面部或瞳孔之后，沿着她的神经元追溯，就会像福尔摩斯一样找到“案情”的根源。

其实，导致这女生脸红和瞳孔放大的真正“元凶”并非面前走过的男生，而是另有其人，对，那人便是她的父亲，只不过案发现场不是这里，而是婴儿床边、饭桌前，或小区会所的摇车边……

父亲的信息决定了女儿择偶的条件，这是真正的条件，不是《非诚勿扰》中那些似是而非的东西，换言之，父爱是女孩子私订终身的密码，一旦开启，另一个家庭，甚至小生命便有可能被缔造出来，因为新的女主人，以父爱的名义，已经长大成人！

二

每个婴儿早在1岁左右，大脑细胞的数量就已经等同于成

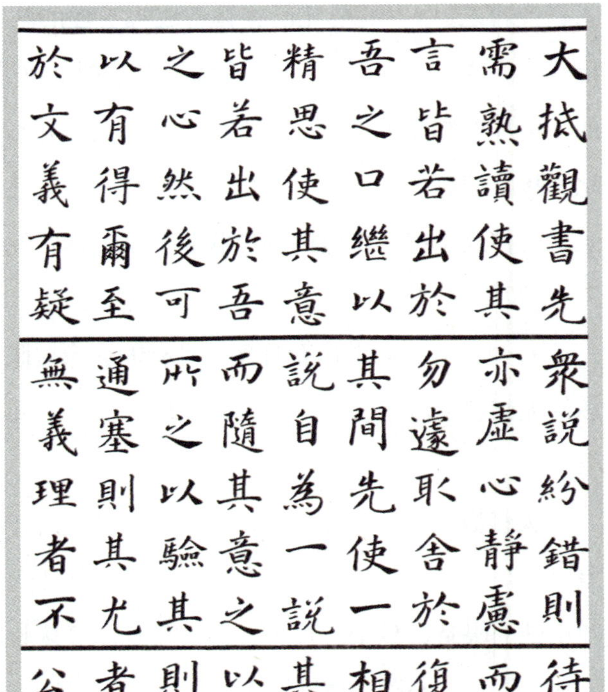

书画阅读 优秀奖 郑虹
广东电网有限责任公司汕头供电局

人，换言之，1岁的婴儿已经具备成人一样的脑力（却因没有足够的信息而形成空白），因为它们每分钟就可以分裂8000倍，其生长速度是相当惊人的。但那些细胞就如同一片麦穗一样，彼此并不连接（连接的动力是细胞分化和接收信息），而只有它们形成网络状，彼此连接起来，才能形成系统，也就是神经系统，像电网的串联和并联一样，便中枢与外界产生联系，这就需要学习。

打个比方，如果你看月亮，月亮的影像被眼睛接收后，通过神经系统传达给大脑，大脑就会对月亮做出反应，而李白和苏轼的灵感就是这反应的结果。

大多数人的第一印象应该是父母，换言之，睁开眼睛见到的第一个人，差不多是父母。于是，当一个女婴躺在爸爸怀里的时候，她虽然浑浑噩噩，却用她的眼睛、鼻子、耳朵、舌头、身体等接收着这个男人的一切，形象、气味、语气、心跳、体味、毛发、力度、习惯……统统进入成为这个女婴的第一手信息。

好的，那些空白的神经细胞终于记下了这第一感受（异性烙印），它成为这个女婴对男人的判断根据，形成脑中枢反射源——于是，将来与她接触的所有男性，无论年龄多大，他们身上的气味、体味、形象、习惯等，均会被女孩儿捕捉到，然后通过神经细胞传递给大脑中的那个“爹”的信息，如果不符（陌生感），女孩子就没感觉，如果有某种相符，便是好感。如果童年被爹伤害过，或爹曾经告诉她谁特别不好时，而如果正好有一位先生具有父亲“伤害”和“不好”的信息特征，就会让女孩儿产生反感甚至厌恶感……

可如果有位男生某些特质十分类似父亲好的地方，也就是曾经让那个女婴感到安全和快乐的信息，重新被这个男生表演时，那个这个女生就有可能和此男生进一步约会，再比较吻合时，就是爱，就有家的感觉（有可能接受其求婚等亲密要求），因为父女是一家人。

当然，也有截然相反的父亲信号，但这也是反射源，当父亲重重伤害过女儿时，女儿便在形成一个与父亲完全相反的反射源，等将来遇到一个处处不同于父亲的男人，就有可能是她的老公。比如父亲酗酒、暴力、出轨，那么女儿就有可能找一个不沾酒，十分老实的男人作老公，可时间一长，她就有可能不适应这种厚道的老公了，因为那太不像父亲了。

所以，为了女儿嫁个好老公，爹得为她塑造一个尽量完美的男人（反射源），谁让她将来一切以你为根据呢？！

另外，若有女生正处于排斥父亲或亲近父亲的纠结状态，而无法经营与老公的关系时，最好的办法，不是挑剔老公或学心理学，而是先让自己完全脱离父女的不良经验，因为你今天的两性经验，无论好坏，皆出自那个不良的父女经验，放下它，才有可能真正会走自己的路。

品味书香

书　　名：你好，小读者
作　　者：秦文君 著
出 版 社：安徽少年儿童出版社
出版时间：2010 年 1 月

[鉴赏导读]

本书是著名作家秦文君根据8000多封小读者的来信，以饱蘸真情的笔触和充满人生智慧的思考，写给小读者的知心话语。内容都是中小学生所关注的热门话题，如偶像、早恋、友谊、学业、竞争、亲情、阅读、写作、兴趣爱好等。读来亲切、温馨，如同一曲曲美妙的音乐，荡漾在小读者的心底，又像一盏盏明亮的小橘灯，照亮小读者的前程。

本书引导我们正确应对孩子成长中的问题，做个好妈妈，做孩子生命中的陪伴者，做他成长路上的朋友，保持一颗探索的心，学习更多的新知识，给孩子带来更为广阔的世界，让他的青春更加明丽多彩！

高质量地

陪伴

孩子

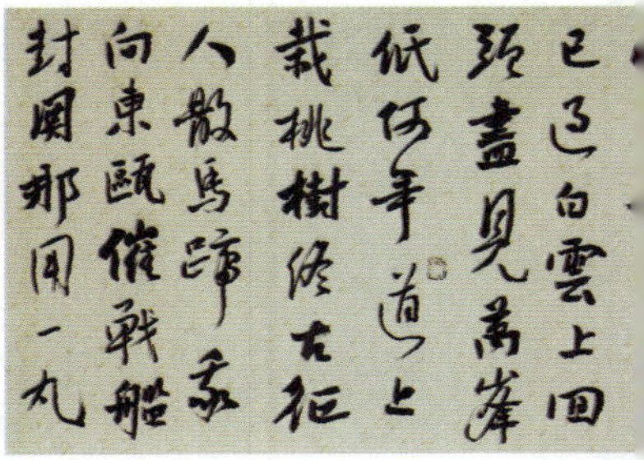

书画阅读　三等奖　刘贞　西安铁路局宝鸡电务段

中国父母子女关系趋于平等、民主

赵忠心

父母与子女的关系本身就是一种教育。处在特定的父母子女关系中的孩子身上，一定会带有明显的心理、行为特征。

传统家庭实行的封建家长制，尊卑长幼，等级分明，家长对待子女、长辈对待晚辈拥有特权。如《弟子规》中说："父母呼，应勿缓；父母命，行勿懒；父母教，须敬听；父母责，须顺承。"意思是说，父母呼唤，子女要立刻应答；父母有指令，行动不能慵懒；父母进行教导，要恭恭敬敬地倾听；父母要是责备，不管对与不对都要顺从、接纳。

家长拥有话语权，子女和晚辈没有话语权。如鲁迅先生所说："他们以为父对于子，有绝对的权力和威严；若是老子说话，当然无所不可，儿子有话，却在未说之前早已错了。"家长是真理的"化身"，家长的话是绝对正确的，孩子说什么都不成。

家长可以任意体罚孩子。过去说："怒笞不可偃于家，刑罚不可偃于国。"家长都推崇"不打不成材"、"棍棒底下出孝子"，家长可以随便打骂，甚至操有贩卖、生杀予夺之权，比如溺婴、买卖婚姻等。

传统的封建家长制，"父是一家之长，尊中至极"，即家里辈分的最高

书画阅读　二等奖　徐丽娟　南阳师范学院

的男性长者是“一家之主”，是“主宰”，有权约束全家人，统摄全家事务，全家所有人的事，比如求学、就业、婚姻等，他一个人做主。对晚辈的教育，也是家长一个人说了算，是家庭教育的“主角”，具有绝对的“权威”和“权势”。

现代社会的家庭里，越来越多的家长，有事跟子女商量，听取子女的意见。家长的话，不再是子女的“法律”，在子女心目中，不见得都是“绝对真理”。可以听从，可以保留意见，也可以不听从，允许子女有所选择，自行其是。

现在，儿女跟家长“顶嘴”的不在少数，家长越来越宽容。孩子们生家长的气了，背地里还说：“甭跟大人们一般见识！”

把孩子逼急了，不辞而别，离家出走。把孩子找回来，父母还得诚恳地跟儿女道歉，赔不是，表“红心”，求宽恕，表示坚决改正。

现在，我国颁布了《未成年人保护法》，规定了未成年子女的合法权益。家长不可以随便打骂，若随便打骂，就可能要被追究责任，甚至剥夺监护权。

过去，孩子不听，家长打了孩子，家长便吓唬说：“再不听话叫警察把你抓起来！”孩子听了就会吓破了胆。现在，孩子不听话，家长再动手打孩子，孩子会说：“打人犯法！”再说“不听话让警察把你抓起来”，孩子会说：“走着瞧，说不定会抓谁呢？哼！”

在今天，还有一些情况的变化值得注意。

在过去，并没有“隔代抚养教育”这个概念，祖父母是不承担“抚养孙辈人”这个责任的。

在过去的大家庭里，培养教育后代，谁的辈分高谁说了算。现在不是这个样子了。培养教育孩子，父母是“为主”，祖父母是“为辅”，是辅助地位和作用。

培养教育小孩子，法律规定是“父母的责任”，是孩子的父母说了算，父母成为家庭教育“主角”；祖父母一般情况是没有这个责任的（除非孩子的父母双亡且祖父母有能力才行），说了不算，成了培养教育孙子女的“配角”。

儿女一个电话打过去:“妈妈，今天我们去你们那儿吃饭。”爸爸妈妈高兴得屁颠儿屁颠儿的，儿女给了父母“效劳”的机会。儿女说:“爸爸妈妈，你们得给我们带孩子。”行，立刻无条件地痛快地答应，并且是“免费的全程地”服务。觉得这是给了老人为儿女奉献、享受天伦之乐的一个机会。如果带孩子，儿女不满意，还的听儿女的数落，老人“费力不讨好”的现象比比皆是。

表明长辈是在“替”儿女抚养教育孩子，或者说是“辅助”孩子的父母抚养教育孩子，是在“打下手儿”。

亲子之爱不该被物化、被替代

关　颖

天下的父母都爱自己的孩子，却未必都懂得怎样才是孩子喜欢的、对孩子真正有益的爱。

一些父母舍得花钱给孩子买各种高档玩具，给孩子越来越多的零花钱，更是不吝啬出高价请家教或花钱让孩子参加各种学习班、训练班……父母的爱在很大程度上被金钱换来的各种东西物化了，向各类社会机构转移了、被别人替代了。爱，这种亲子之间最美好的情感也随之被曲解、异化。

正是父母缺少为孩子的倾心付出，爱孩子却不了解孩子的真正需要，以致孩子对这样的父母之爱产生不了共鸣，他所看重的是那些父母花钱买来的东西、创造的优越条件，而并非是父母的真情。所以，孩子不会珍惜这样的爱，也难以转化为对父母的爱——这是爱的悲哀。

最近，在网上看到两组图片，着实被父母给予孩子的真爱所感动。

一组图片是"英国那些事儿"讲述的故事，说的是女儿给爸爸提了个要求，她想在自己的房间里有一个童话仙女的大树，可以躲在树洞里看书，还可以爬到树枝上玩。这个要求乍一听就像"我想要天上的星星"一样不可思议，但是爸爸却真的付诸行动了。爸爸从画草图开始，准备了各种工具、材

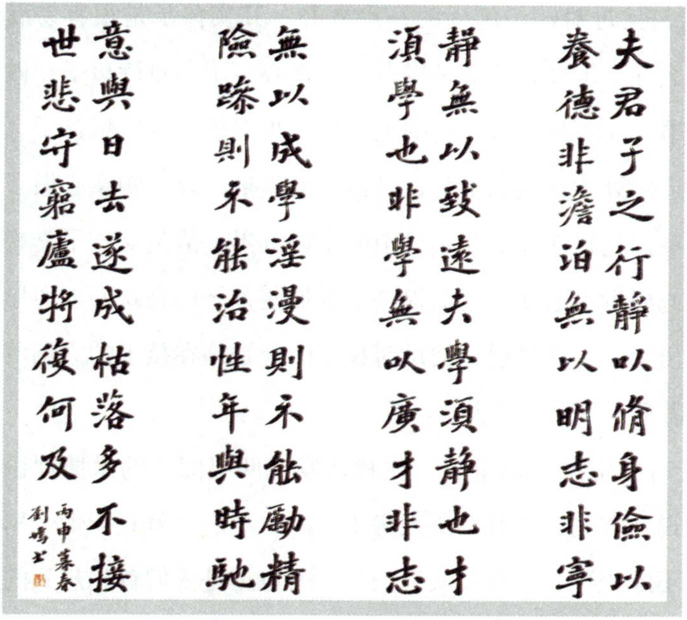

书画阅读 一等奖 刘嫣 中国铁路经济规划研究院

料，经过日复一日的努力，女儿的愿望终于变成了现实！32张配图详细记录了这位老爸的整个制作过程和那些具有创意的一个个细节。我看到孩子房间里栩栩如生的大树、树上上灯光闪亮的小窗、各种奇异的花草、甚至还有小鸟和蝴蝶……最后3张是作品的全貌，女儿坐在树洞里、坐在树杈上甜美地笑着，看得出来她的满足感、幸福感。

另一组图片所展示的是新加坡妈妈为两个儿子做的卡通便当，从电影《星球大战》到经典卡通人物全都是她的创作灵感。有皮卡丘意大利面、忍者神龟饭、小王子饭、熊猫寿司、龙猫面包、大白抹茶布丁、维尼甜甜圈、迪士尼卡通串、睡着的懒懒熊、小猪面包圈、泰迪熊配冰果、小猫棉花糖配抹茶拿铁……让人看了羡慕不已，没有孩子不喜欢。这位“潮妈”的创意源自第一个小孩入读小学的时候，因为儿子非常想念她，于是她开始为他做卡通料理，并且附上一些便条希望能够鼓励儿子。久而久之，为儿子们做可爱的食物就成了这位妈妈的一项业余爱好。

也许，普普通通的父母没有他们这样的才艺，不像他们那样有闲，自己的家中没有充分展示这样才能的条件。那么，如何满足孩子的需求呢？

首先，需要有的是父母对孩子施爱的一片真心。其实孩子是很容易满足的，父母为他做什么并不重要，关键是以自己的真心、耐心对待孩子，做那些孩子真正喜欢的事，而不是用钱与物的大量投入吸引孩子、应付孩子。前述两位父母值得称道之处正是他们了解自己孩子的需求，以一颗童心做了自己力所能及的事。英国爸爸深知女儿心目中的童话世界，清楚女孩子喜欢的点点滴滴；新加坡妈妈做卡通便当的前提是了解那些孩子们喜欢的卡通形象，在便当上展现了出来。也就是说，父母对孩子的爱是站在孩子的立场所思所想，在满足孩子需求上下足了工夫。

善于挖掘家中现有的资源也很重要。在我转发这两组图片的微博评论中，有不止一个网友说“首先，要有一所大房子”、“小房子就只能做个树墩了”、“首先你得不上班”、“有钱又有闲”……也正是人们首先想到的是物质的、客观的条件，于是很自然地把自己排除在了可以动手为孩子做事的人之外，忽略了家庭环境和点滴小事中的教育资源。比如一些年轻父母不屑于自己动手做饭，依靠的是家中老人和保姆，或者时常下馆子、叫外卖。如果节假日和孩子一起策划、一起采买、一起动手做顿饭，充分施展大人和孩子的创意和动手能力，不失为亲子互动的好方式，也能在很大程度上满足孩子对父母陪伴、在家庭中得到认可的需求。可是这样的事很多父母不屑一顾，也是没有领悟“生活即教育”、“教育即生活”的道理。

看到这两组图片我在想，如果父母花钱雇人来做这些事、买孩子想要的东西，孩子肯定不会有那样的幸福感，父母也肯定不会有那样的成就感。

这两组图片给父母们的启示是，爱孩子的真谛是对孩子的尊重，是对孩子意愿和需求的了解，是亲子之间实实在在的互动。这是金钱买不到的、是任何其他人都替代不了的。只要心中对孩子有真爱，相信父母们总会有无限的创意。

（2016年3月3日　本文发表于《中国妇女报》）

高质量地陪伴孩子

关　颖

近日看到这样一个国外的视频：主持人问成年人“如果你能选择任何人共进晚餐，你会选择谁？”几对父母都选择了明星、名人、伟人；而同样的问题问孩子，他们的回答是爸爸、妈妈、家人，这样的结果令父母们感到吃惊。这个短片的结尾打出这样的字幕：让我们把时间留给生命里最重要的人，把有限的时间用在更有价值的事情上，比如——陪伴。

与谁共进晚餐这个日常生活中的小事，父母与孩子的选择竟然有如此大的差异，不仅仅是因为在孩子的天地中没有那些大人们熟悉的明星、名人、伟人，也从一个侧面说明父母和家对孩子有多么重要，体现了他们需要父母的悉心陪伴；而父母，尽管很多人不认为自己不重视孩子，也为孩子付出了很多，但是只想着自己的需要而未必了解孩子的真正需要，不知道与父母共进晚餐之类的陪伴对孩子来说有多么重要，不知道自己在孩子心目中有多么重要。

对那些成了家、有了孩子，同时事业上处于奋斗、上升时期的中青年人来说，谁是生命里最重要的人呢？首先遇到的问题就是如何摆正事业与家庭、与孩子的天平。为了工作业绩、为了得到方方面面的认可超负荷打拼，为了维系客户、朋友关系无休止地应酬……尤其是一些男人，为了家庭以外的人常常忽视了家人，甚至不顾孩子。父亲、丈夫的角色在很大程度上被职业角色侵占了，在我国“男主外，女主内”的传统观念依然存在的背景下，这似乎成了理所当然。只是很多人不知道作为父母“身在其位不谋其政”的行为，会给孩子留下怎样的内心感受。

书画阅读　优秀奖　李亚麟
济南铁路局山东中铁旅游广告集团公司

我曾经看到这样一个故事：爸爸下班回到家时已经疲惫不堪，他只想吃口热饭赶紧睡觉。但5岁的儿子怯生生地走过来问他：“爸爸，你工作1小时赚多少钱？”爸爸强压住了不高兴：“你问这个干什么吗？快去玩去吧！”儿子坚持说：“我就是想知道嘛！”“好吧，好吧，我1小时能赚30元。”“爸爸，那你能借给我10元钱吗？”爸爸有点烦躁，他让儿子不要再缠自己了。过了一会儿又觉得自己对儿子的态度有点过了，就拿了10元钱给儿子送去。儿子很开心地接过钱，从自己的被子下面抽出一叠皱巴巴的零钞。爸爸一下子又火了，责问道：“你不是有钱吗，干吗还要钱呢？”“刚才，我还差10块钱呢！”儿子怯生生地回答，“爸爸，这里有30块钱，我可以买你1个小

书画阅读　优秀奖　佘丹　江苏省南京市江宁区龙都幼儿园

时，你陪我玩好吗？”爸爸的愧疚感油然而生，感觉自己无颜面对渴求陪伴的孩子。

有时候，并非父母没有可支配的时间，如何把有限的时间用在更有价值的事情上，是不是把陪伴孩子当作自己必须做的事？每个人心中也有一杆秤。

前不久，“10岁女孩：我要是爸爸妈妈的手机就好了”为题的一篇报道引发众人关注。说得是河南一位母亲打开手机想要搜索时，却发现搜索记录有点奇怪，竟然有一些“怎样才能让妈妈不玩手机？”“爸爸妈妈不理我是不爱我了吗？”“怎样才能让妈妈更爱我？”之类的问题。看着这些搜索记录，她回想起孩子最近确实变得沉默寡言，有几次还看到她呆呆地对着iPad讲话，越想越觉得这是女儿搜索的问题。在孩子心里，爸妈对手机的喜爱远远多于对她的关心，她很伤心却不知道该怎么办。孩子说“我要是爸爸妈妈的手机就好了”是对爸爸妈妈冷落自己的无奈。这位妈妈说：“很多时候，作为父母的我们可能并没有意识到，自己无意识的行为会在孩子心里留下这么大的阴影。”

孩子之所以如此在乎父母，看重父母的陪伴，是因为父母所能给予孩子的是其他人无法替代的。孩子首先需要的是安全感，家人的和睦相处是孩子获得安全感的最重要因素，无论遇到怎样的困难、挫折，家的温馨和家人的抚慰都是最好的心灵寄托。父母也只有乐于陪伴、善于陪伴孩子，才能了解孩子，最大限度地满足孩子真正的成长需要。

父母对孩子的爱应当是无条件的，陪伴孩子不只是“在场”、更不该“应付”。而要有舍得放弃那些以满足自身或家庭外部需要的事情的勇气，有甘愿与孩子在一起付出时间精力和耐心情怀，有读懂孩子需要的洞察力，有积极创造条件改善家庭人际氛围的能力，还要有把孩子的重要事项和必须为孩子做的事列入自己日程表的具体举措，等等。

如此说来，高质量地陪伴孩子，当好孩子生命中最重要的人，并不是一件简单的事，需要父母用心来做。

（2016年4月14日　本文发表于《中国妇女报》家教周刊）

孩子为什么恨父母

关　颖

前不久，《重庆商报》图文并茂刊发了一条消息：重庆渝北区龙山路某小区6个单元大门上，都贴出了孩子们“致家长们的一封信”。信上说，“我们也有自由，为什么不让我们出去玩耍！还我们自由。”“我们不是你们的出气筒！”“我们不是你们拿来比较的傀儡。”“我们受够了家长打骂的生活，你们开始打骂我们本能理解，可后来无时无刻地打骂，使我们忍无可忍。”信中甚至出现了“我们恨你们，家长”之类过激话。

人们常说，没有不爱孩子的父母，他们为孩子所做的一切是出于对孩子的爱。可是当这种自以为“为了孩子好”的“爱”作用于孩子的时候，怎么就成了孩子对父母的“恨”了呢?

这让我想到几年前我曾参与的中国预防青少年研究会进行的一项全国未成年犯抽样调查，涉及1224名在押未成年犯和对照组925名普通中学学生。当问及“你恨过自己的父母吗？”表示“恨过”的未成年犯超过四成，普通中学生超过四分之一。当进一步问 “你恨父母的原因是什么？”在10个选项中未成年犯回答按比例由高到低排在前五位的依次是:“不理解我”50.7%，“不关心我的心理感受”46.6%，“不让我做自己想做的事情”45.6%，“经常打骂我”34%,“强迫我做不愿意做的事情”29.4%；普通中学生的回答是:“不理解我”71.6%,“不关心我的心理感受”55.5 %,“不让我做自己想做的事情”51.7%,“强迫我做不愿意做的事情”50 %,“经常打骂我”26.3%。此外，父母总闹矛盾影响我、生活上不管不问、有困难不帮我、溺爱我和其他原因选择比例多在一成左右。

从两组未成年人“恨父母”排在前五位的原因中我们不难看到，尽管未成年犯“恨父母”的比例远远高出普通中学生，但是他们恨父母的原因却是趋同的：父母习惯于自以为是、凌驾于孩子之上，对孩子“不理解”、“不关心”、“不让做”、“打骂”、“强迫”……重庆孩子给父母的“公开信”中表述的内容，与这个调查中孩子“恨父母”的原因如出一辙。

据报道，有专家说这是“家长的教育方式和与孩子的沟通均出现了严重偏差”，“对孩子有过激行为的要向孩子道歉”。孩子的信一贴出来，家长们震惊、担心、自责、恐慌……怕孩子一时冲动做出傻事来。“狼爸虎妈”们纷纷反思自己的教育方式，不少家长还连夜与孩子谈心交流。

在我看来，这件事的发生绝不仅仅是家长的教育方式偏差、缺少沟通那么简单。孩子们“恨父母”的原因折射出的问题是父母对孩子权利的漠视，是以自我为中心制约孩子的发展、左右孩子的事情的必然结果，这也正是亲子冲突深层的、最根本的原因。

在许多人心目中，孩子是父母的一部分，他们的一切都应当是成年人操持和支配，“你必须听我的”。同时替代本应孩子自己做而父母可能为孩子做的一切，孩子没有选择的权利。这就使得孩子在生活实践中充分发展其全部体能、智能和社会性参与受到限制。另一方面，孩子作为一个独立的人，有自己的需求和对各种事物的见解，有不同于成年人的观念和行为，对父母所说、所做的一切有积极或消极应对的能力。当处理某一个问题时双方意见不一致又都不肯妥协，冲突便不可避免。孩子们“恨父母”的那些表述，其

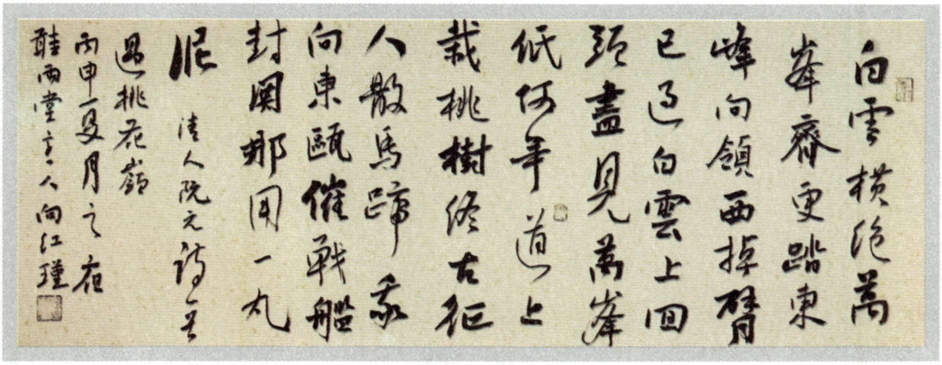

书画阅读　优秀奖　向红瑾　四川省简阳市贾家中学

实并非故意与父母“对着干”，而是表达对父母剥夺他们权利的不满。——这是以儿童权利视角来看孩子“过激行为”的基本认识。

然而不容否认的现实是，如今对儿童权利的认识在广大家长中依然是个很大的盲区。2015年实施的“第二次全国家庭教育现状调查”对近万名中小学生父母的调查结果显示，表示认真学过《儿童权利公约》的只有2.8%，表示看过的只有12.8%；认真学过《未成年人保护法》的只有6.4%，表示看过的只有31.3%。人们对儿童权利的漠视、自觉不自觉地剥夺孩子权利的事总有发生，与对儿童权利的无知不无关系。

以孩子为本，尊重儿童的权利，是父母与孩子互动中必须强化的理念。这样说来，孩子由“恨父母”向爱父母的转变，在很大程度上取决于父母以怎样的姿态面对孩子。孩子喜欢的是明智的、大度的父母，父母把孩子当作独立的权利的主体，把握好自己行为的边界，亲子关系才会和谐。

（2016年6月23日　本文发表于《中国妇女报》家教周刊）

父母与孩子相处中要勇于认错

孙云晓

有些父母在与孩子发生冲突时，往往认为自己什么都是对的，错误都在孩子身上。有些事情明明是自己错了，父母却因为一方面害怕有损自己在孩子心中的威信，在孩子面前没有面子，另一方面也是由于思维惯式，给自己找理由，不愿意承认错误。特别是当被孩子揪住不放，自己又无可辩驳的时候，父母习惯用自己的权威来压孩子，剥夺孩子的话语权。这实际上是在给孩子演示犯了错误时如何推卸、逃避责任。

在错误面前，父母与孩子是平等的。父母对待错误的态度，比对孩子进行口头说教应当如何对待错误，产生的影响更大。

看看埃迪的父亲是如何做的：

7岁的埃迪坐在靠近门边的书桌前写作业，外面风很大，作业本被风吹得“啪啪”直响。埃迪不得不一次次跑去关门，每次关上没多久，一阵猛烈的风就又把门吹开了。

这时，邻居山姆叔叔来找埃迪的爸爸。他没有进门，和埃迪爸爸俩人就站在大门外闲聊起来。

没过多久，风又把门吹开了，埃迪于是跑去关门。他猛地把门合上，然

书画阅读　优秀奖　方琰芸
宁夏回族自治区吴忠市盐池第五小学

而大门却因为碰到障碍物反弹了回来，与此同时，埃迪爸爸压抑的叫喊声响起。

埃迪惊恐地看到，门外的爸爸五官痛苦地扭曲在一起，头发一根一根地竖着，而他的五根手指则怪异地缠来拧去……看到埃迪出来，爸爸暴怒地冲他扬起了手。原来，刚才爸爸的手放在门框上，埃迪突如其来地关门，差点把爸爸的手指夹断。

埃迪吓坏了，以为这次一定免不了一顿暴打。但是爸爸的巴掌一直没有落下来，埃迪的脸颊，感受到的也仅仅是一阵掌风而已。

事后，爸爸对埃迪说:“当时我实在痛得厉害，原想狠狠地打你一个耳光，但是，转念一想，我是自己把手放在夹缝处的，错误在我，凭什么打你。”

父亲的这句话极为普通，却给了埃迪一个毕生受用的启示：犯了错误必须自己承担后果，不可迁怒于他人，不可推卸责任，无论你是一个父亲、老板，还是领袖。

人都有一种保护自我的本能，面对问题的时候，总是习惯性地逃避，下意识地想要保护自己，面对责任也是如此。父母也是普通人，并不会因为做了父母就自动变得完美。因此，父母要多一根理智的神经，少受本能的控制，因为大家都希望孩子成为负责任的好孩子。

品味书香

书　　名：孩子你慢慢来
作　　者：龙应台 著
出 版 社：生活·读书·新知　三联书店
出版时间：2013年11月

[鉴赏导读]

本书是一个孩子成长的记录，也是一位母亲的生活札记。从容的心境，暖暖的母爱，还有文字下的幸福与思考。

本书中的龙应台是一位母亲，与生命的本质和起点素面相对，作最深刻的思索，最不思索的热爱。面对初生至童年、少年时期的两个孩子（华飞、华安），从出生，到开始说话、识字、逐渐认识这个世界，书中有忍俊不禁的童真，有无法抑制的爱怜，也有母子的无奈和迷惑。它不是对传统母职的歌颂，它是对生命的实景写生。

龙应台作为一个拥有个人事业的女性，作为一个犀利睿智的知识分子，却静下心来把一腔脉脉温情倾注在孩子成长的记录上来，没有唠叨，没有抱怨，整本书都是为人母的惊喜幸福快乐。

长长的路，需要孩子慢慢走；芬芳的花，需要父母静静等！

怎样聊天

孩子

才会说出心里话

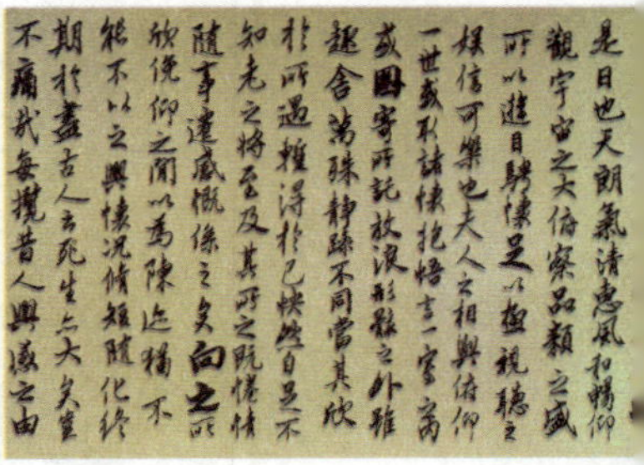

书画阅读　一等奖　王燕　昆明铁路公安局工会

两个故事，让父母彻悟亲子沟通的秘密

鲁鹏程

法国寓言诗人拉·封丹曾经写过这样一则故事：

北风与南风比试，它们约定，谁先将行人身上的衣服脱下，谁就赢了。北风用力地吹着，结果感受到寒冷的行人反而将衣服裹得更紧了；而南风上场后，带来阵阵温暖，行人觉得有些热了，就将身上的衣服脱掉了。

这就是著名的“南风效应”。

而它所说明的道理也很简单：只有从对方的角度去考虑，采取措施，才能收到最好的效果。所以，父母若是希望自己的教育能对孩子起作用，那就必须站在孩子的角度去考虑问题。

美国著名学者卡耐基曾经有过这样一次经历：

卡耐基的住处附近有一座公园，经常有顽皮的孩子在公园中玩火，引起火灾。卡耐基尝试着劝这些孩子不要玩火，可是却不管用。一次，他实在忍不住，对玩火的孩子吼起来：“你们再继续玩火，我就叫警察！”孩子们一开始被吓到了，可是一旦周围没人，孩子们又开始玩了。

后来卡耐基想了个办法，他用很温和的语气对孩子说：“孩子们，我小时候也十分喜欢玩火，这很有意思，不是吗？可是在公园里玩火很可能会引起

书画阅读　三等奖　周瑞婷　广东电网有限责任公司云浮供电局

火灾，我知道你们很小心，但是其他的孩子却未必如此。如果引起了火灾，你们都会被警察逮捕。我希望你们玩得开心，但是为了避免发生危险，请远离那些落叶；并且，请你们在离开之前将火堆掩埋，当然，如果你们去远处的沙滩上玩火就更好了，那里不容易发生危险，能玩得更尽兴！”

结果您可能猜到了。后来，在公园中玩火的孩子越来越少，而且，再也没发生火灾。

可见，顺着孩子的思路去考虑问题，总是很容易能与他达成共识。这样无论是与孩子沟通，还是教育孩子都会事半功倍。

父母怎样站在孩子的角度思考呢?

一是学会“换位思考”。当父母对孩子的行为感到恼火时，不妨试试这个办法，想一想，如果自己是孩子，会怎么想，会怎么做?一旦父母这样做，就会发现几乎孩子所有的恼人行为都情有可原。只有发现了孩子行为的内在缘由，才能够真正对症下药，教导孩子。

二是放下自己的偏见。很多时候，父母和孩子的立场、观点、价值观都迥然不同。父母的思想带有自己时代的印痕，而孩子的思想则是最新时代精神的表现，要想理解孩子，父母还应该先将自己固有的观点和价值观放在一旁，去理解这些恼人行为对孩子的意义和价值。只有理解了这一切，才能真正“把”到孩子的“脉”，这时，父母说出的话，孩子才会听从。

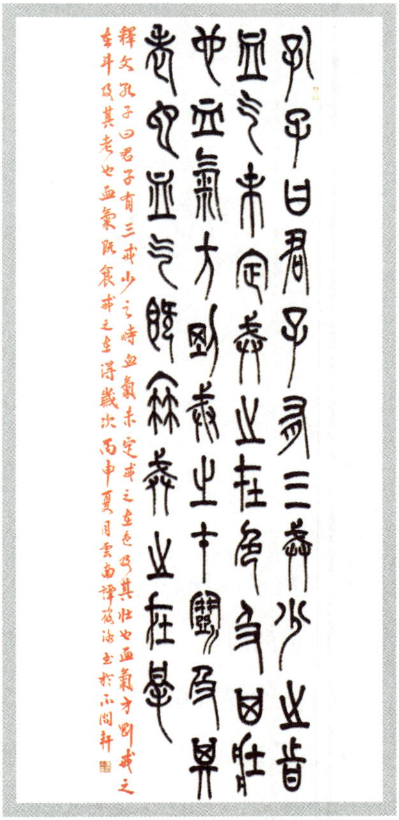

书画阅读　三等奖　谭筱冰
云南省昆明市姜武书法工作室

怎样聊天孩子才会说出心里话？

鲁鹏程

在与孩子进行交流时，父母总是会发现：孩子不愿意对父母说出自己的烦恼，更多的时候，孩子会选择将烦恼压在心里或是向同伴倾诉。

为什么会这样呢？

这是因为孩子不确定对父母说出自己的想法是否安全。很多时候，父母对孩子的观点是持一种评判态度的。对这些父母来说，孩子的想法要么是“对”，要么是“不对”，在关注孩子对错的同时，就很难理解孩子内心的真实感受。

老师给一位妈妈打电话说，最近她7岁的女儿上课时总是心神不宁，作业也经常出错，孩子是不是出了什么问题？

女儿回家后，妈妈没有说老师来过电话，只是侧面观察，发现女儿确实像老师说的，哪里有点不对劲。所以，妈妈就自己所观察到的情形，经过一番耐心细致的询问后才得知，原来是女儿偷拿了同学的一支笔，但是又觉得这样做不对，心里十分矛盾。而且，又害怕妈妈知道后骂他。

妈妈知道这些后，并没有生气上火、大吼小叫，也没有进行“道德评判”，而是平和地说：“妈妈不骂你，只是，你把那支笔还给同学好不好？同

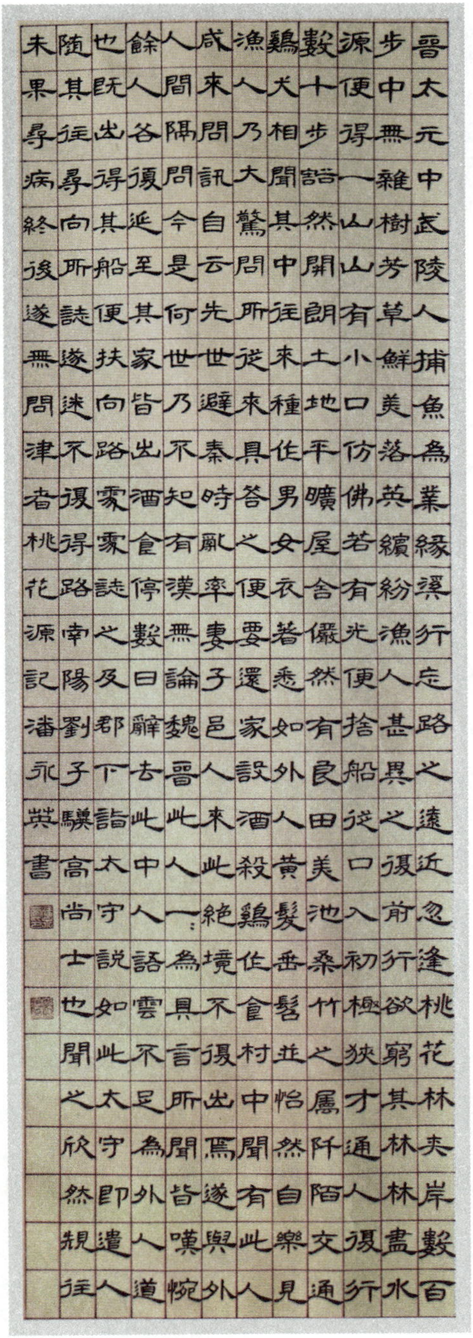

书画阅读　三等奖　潘永英
东北师范大学南湖实验学校

学丢了这支笔肯定很着急的。”

“嗯，我拿了笔也不开心，还是还给他好了。”女儿点点头说道。

看，只要方法得当，孩子最终还是会把自己的想法说出来的。那么，怎样与孩子交流，才能让他将自己的想法告诉父母呢?

要赢得孩子的信任

如果父母动不动就责骂孩子，那么他对父母一定是不信任的。而即使父母不责骂孩子，只是做一个公正的“法官”，用某种观点来评判孩子。

那么，孩子会因为担心自己“说错了”，于是在和父母交谈时，只拣“对的”说，讨好父母，而将自己的真实想法暗暗隐藏起来。

所以，父母平时要对孩子友善一些，在教育孩子时，多注意启发孩子，让他懂得设身处地为他人着想，甚至是自发产生道义上的思

书画阅读　三等奖　殷晓会　哈尔滨铁路局大庆工务段

考，而不是将父母自己的是非观念强加在孩子身上。

和孩子交谈要专心

不要一边做自己的事情，一边听孩子说话，然后以“嗯，嗯”作为对孩子的回应。这样的交谈会让孩子觉得父母根本没认真听自己说话，于是也懒得继续说下去。

因此，当父母要和孩子聊天时，一定要先放下手头上的工作，专心与孩子对谈。

在谈话中耐心引导

每个人在将自己内心想法吐露给别人时都会产生迟疑，孩子也不例外。这时，父母要保持温和的态度，鼓励孩子，引导他将自己的想法说出来。

孩子不想说，父母不要强迫，而是要劝慰他，打消他的顾虑，从而主动表达自己。

好妈妈为什么要对孩子不吼不叫？

鲁鹏程

在教育孩子时，总是有妈妈会为自己的吼叫找各种理由，总是有妈妈觉得如果不严厉地吼叫一番，家里那个调皮的孩子就会不服管教。可是，管教孩子原本是有许多理性方法的，何必非得吼叫？教育需要智慧，所以妈妈需要先改变自己，然后再去改变孩子。

每一位妈妈都有一颗为了孩子好的心，但是却不应该让“都是为了他好”成为我们对孩子吼叫的理由。吼叫，其实并非真的“都是为了他好”！

生活中确实有那么一些妈妈不够理性。

一位妈妈就曾很头疼地说道：“家里有个男孩，那真是能闹翻了天。他太调皮了，总是能闯出各种祸来。而且什么都做不好，总是给我找麻烦。一看见他又出问题，我就忍不住发火，好言细语跟他说，他是绝对听不进去的，我看也就吼叫才能吓住他，才能让他乖乖听话。”随即，她话锋一转，脱口而出：“我还不是为了他好！”

看，“还不是为了他好”，多么堂而皇之的理由！

虽然，我们吼叫完了以后，那个调皮的孩子看似在当时的确会变得安静了一些，但这种安静却并不会保持很久。一段时间之后，他会依旧我行我

书画阅读　优秀奖　詹洁云　广东电网有限责任公司肇庆供电局

素，因为他的内心并没有“安静”下来。我们自以为吼叫是为了孩子好，可他如此“不领情”，常常会令我们感到更加头疼。想必很多妈妈对此会深有体会吧？

但这到底是为什么呢？

原因很简单，我们吼叫只不过是在发泄情绪罢了，只不过是我们自认为在为孩子着想而已。“为了孩子好”在事实上是不存在的。

看到这里，也许有的妈妈很不服气：“要不是为了他，谁会大发脾气啊，谁会那样子吼叫啊？”这话没错，但是我们吼叫的内容是什么呢？无非就是数落孩子的不是，并不断表达我们自身的失望，同时还可能会严厉地要求他下次注意，或者给他一些惩罚。

我们表达出来的东西多半都与心情有关。这些我们想要告诉孩子的内容，为什么一定是要吼叫出来的呢，平静地说难道就不能表达吗？情绪越是平稳，话语就能表达得越清楚，反倒是激动情况下，越是难以控制言语的轻重。

情绪会传染，情绪失控的妈妈往往会教出情绪化的孩子！

说得“狠”一点，吼叫只能体现一个人的无能，正因为无计可施，才只得选择看上去很“厉害”的表面招数。长此以往，孩子难免就会认为“妈妈其实并没有再多的法子教育我”，他的表现要么一如既往，要么变本加厉，最终将会导致我们对他的教育更难以实行。

更值得注意的是，此时孩子的服从只是一种表面服从，他可能只不过是因为恐惧才不得不服从的。而且，他也会记录下我们大吼大叫的样子，下次当他遇到某些问题时，他也将照猫画虎地学我们的样子用吼叫的方式去应对。

如果孩子学会了用吼叫的方式去处理问题，那么在别人眼中，他岂不是就会落得个“粗暴无礼”的坏印象。到了这个地步，难道我们还能说是在为他好吗？

所以，别再用“都是为了他好”这样的理由来“解释”自己的吼叫了，更不要用这样的理由去为自己近乎失控的行为去作掩护。

若是真的为了孩子好，就该在教育这个问题上有更为深刻的思考。身为长辈，我们理应要有长辈的威严与智慧，教育孩子时，应该多动脑筋，多静下心来去观察，去了解，去学习，才能找到最适合解决孩子问题的好办法。

孩子激怒你怎么办？

黄　薇

常常有妈妈会苦恼：到底应该怎样控制自己的脾气？

妈妈们都知道，经常对孩子发脾气，抡起巴掌，不管从哪个角度看，都不是明智之举。但是，面对生活中的压力和苦恼，面对淘气不听话的孩子，要控制自己的脾气还真是不容易的事情。对孩子发作后，妈妈们自己也会后悔。但是，事到临头，怒火攻心，要控制自己的脾气，管理自己的情绪，实在是太难了。

面对淘气的孩子，面对突破我们心里底线的行为，我们怎样才能控制自己，少发脾气呢？

发火是因为妈妈内心有伤痛，或者有情绪，通常这些情绪需要疏导出来。但是，假如自己无法疏导，有一个转变思维的方法也能帮助大家控制情绪。

心理学中，有一个原则叫:“全责性原则”，即，我们对发生在我们身上的所有的事情负全责。

推广到对孩子的教育中，孩子是我们的影子，孩子是我们教育的成果，孩子的问题，其实也是我们的教育的问题。所以，面对淘气的孩子，我们要

书画阅读　优秀奖　祝爱丽　山东省威海市文登区技师学院

首先想想：我对此要付什么样的责任。

我们常常把希望寄托在孩子身上，希望孩子能替我们实现我们的愿望。从这个角度看，我们认为我们同孩子是一体的，孩子就是我们的延续。

当我们的孩子有了成绩，别人都说是我们家长教育有方，是家长培养得好。这时，所有的妈妈都会美滋滋的把这些溢美之词笑纳了。

但是，孩子犯错误的时候，孩子淘气的时候，我们很少把孩子的错误同我们联系在一起，我们认为孩子的错误是孩子自己犯的，同我们没关系，自己犯的错误，自己承担责任。当然，别人也会说，养不教父之过。可是我们会很不服气，心想：站着说话不腰疼，你是没摊上这样调皮的孩子，让你管教管教试试，哼！

这是多么矛盾的想法呀。

所以，面对孩子，控制我们自己的情绪法宝就是：把孩子的错误同我们自己联系在一起。其实，所有的问题，都是我们自己以前的某个问题渐渐演变而成的，一定是我们的教育或做法有什么不妥，只要我们改正，孩子一定会成为好孩子。

这样想后，你就会发现，在你专注思考的过程中，发脾气的冲动减少了，你不想在对孩子发脾气了。

书画阅读　优秀奖　郑巧能
南昌铁路局南平车务段

孩子发脾气犯错误时，通常有几种状况：一是孩子经验不足造成的错误；二是孩子能力不足造成的错误；三是孩子有情绪故意挑战父母；四是孩子不是故意捣乱的，他们很可能是对我们的意思产生了误解。针对前两种问题，需要提高孩子的经验和能力，后两种问题，需要找到合适的沟通办法，这样孩子就能修正他们的行为和目标了。

孩子再淘气让你忍无可忍的时候，试试寻找到孩子行为问题的根源，并想一想自己需要承担什么样的责任。这可以帮助我们克制自己的怒火。

品味书香

书　　名：如何说 孩子才会听
怎么听 孩子才肯说
作　　者：［美］阿黛尔·法伯、伊莱恩·玛兹丽施 著　安燕玲 译
出 版 社：中央编译出版社
出版时间：2012 年 7 月

［鉴赏导读］

本书通过六章主要内容，告诉读者，如何在与孩子相处的过程中，通过有效的方式减少冲突，达成合作。这六个主要内容分别是：帮助孩子面对他们的感受、鼓励孩子与我们合作、代替惩罚的方法、鼓励孩子自立、学会赞赏孩子和让孩子从角色中释放。

在越来越重视亲子关系的今天，本书的内容又是经过作者以及全球众多读者阅读、实践并取得良好成效的，所以，本书提供的“爱的技巧和训练”值得学习和应用。尤其是女性读者，不管你是否已婚或者已为人母，都可以阅读本书。

每个人的成长都与原生家庭有着很深的痕迹。当我们组建自己的家庭，如果没有经过有意识的反思，可能会不自觉地把从原生家庭濡染而来的各种结果作用于自己的家庭和孩子身上。因此，对成长路线做一个梳理，从源头理解父母，理解自身的状况，从而学习文明、健康的人际交往方式，寻求关系的改善。

如果我们也许不曾得到父母的熏陶，那么，阅读本书，可以得到他人的指点；努力实践，可以学会需要的技能。

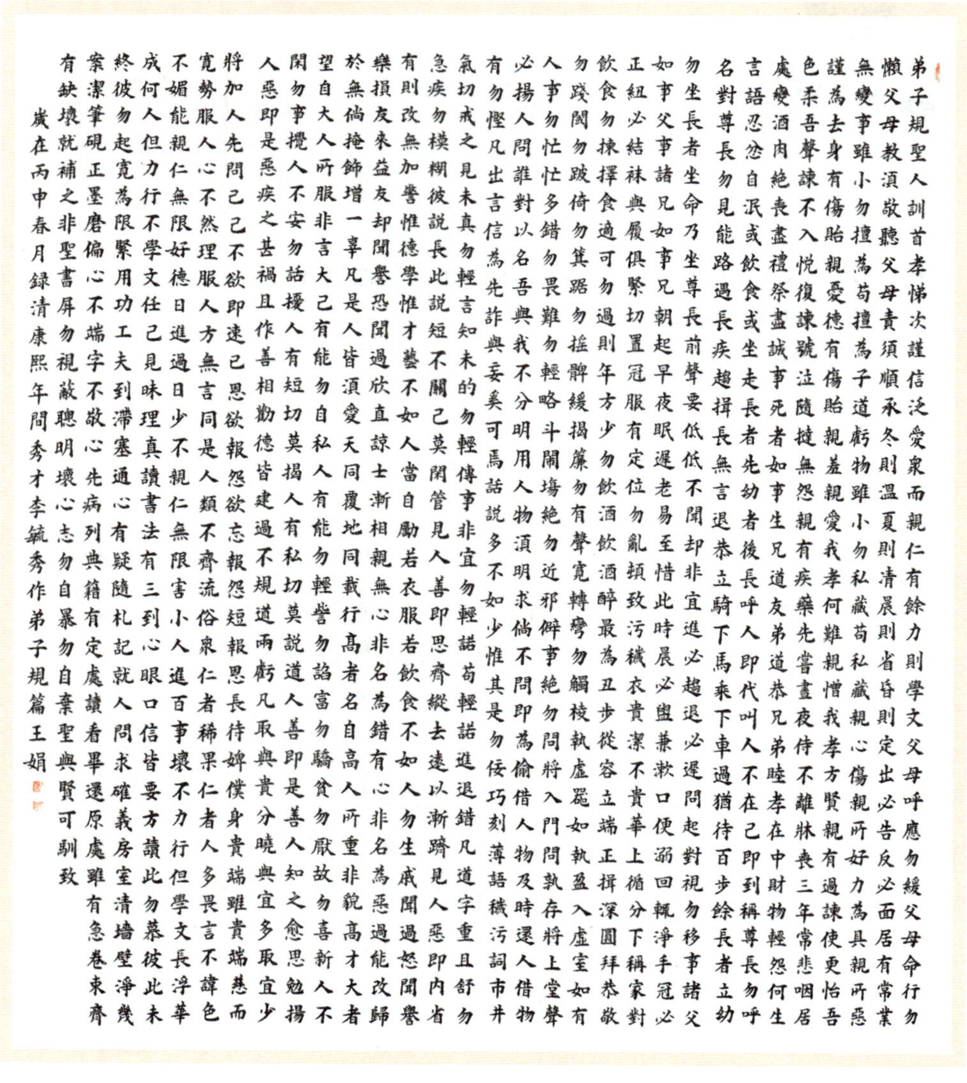

书画阅读　二等奖　王娟　中国铁建十五局四公司

没有兴趣

就

没有真正的学习

所由興又知教之所由廢然後可以為

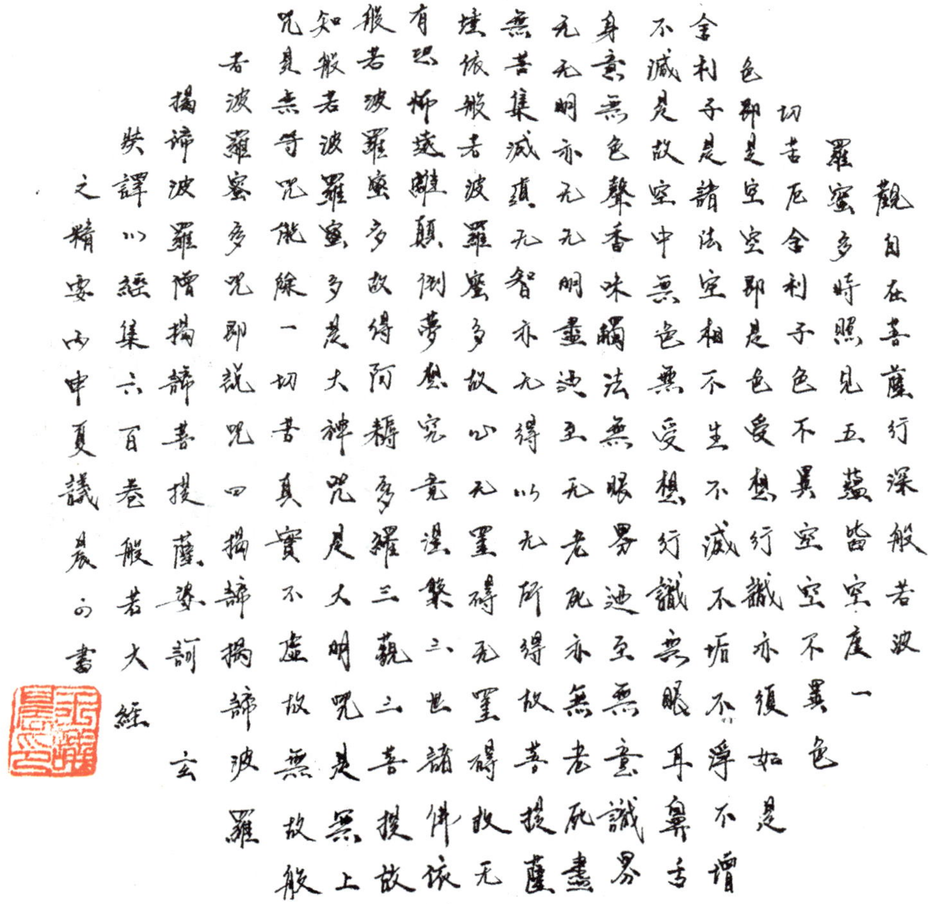

书画阅读　优秀奖　王议晨　乌鲁木齐铁路局霍尔果斯站

树立目标对孩子学习和生活的四大作用

孙云晓

著名心理学家班杜拉与合作者曾做了一个实验：他们让一群7~10岁的孩子参加了一个特色课程。这个课程需要孩子上7节课，总共需要做42页的算术练习题。这群孩子被随机分为3组：

近期目标组：他们每天都有一个目标——每节课结束后都至少做6页的练习题目。

远期目标组：7节课都结束后完成42页的题目。

无目标组：只上课，不进行任何目标设置。

7节课结束以后，研究者对这所有四组学生统一进行测试。结果发现，近期目标组的学生成绩最好，他们学得更好、更快，面对难题时，他们坚持得也更为持久。远期目标组和无目标组成绩差不多。研究者分析其中的原因认为，近期目标组的学生之所以成绩最好，是因为他们每天都可以实现自己的目标，目标的实现会逐渐增强他们的自信心和自我效能感。

这个研究很明显地说明了这样一个道理：目标对小学生非常重要。

对大学生甚至研究生来说，目标仍然非常重要。哈佛大学的研究人员曾做过一个长达10年的追踪调查：

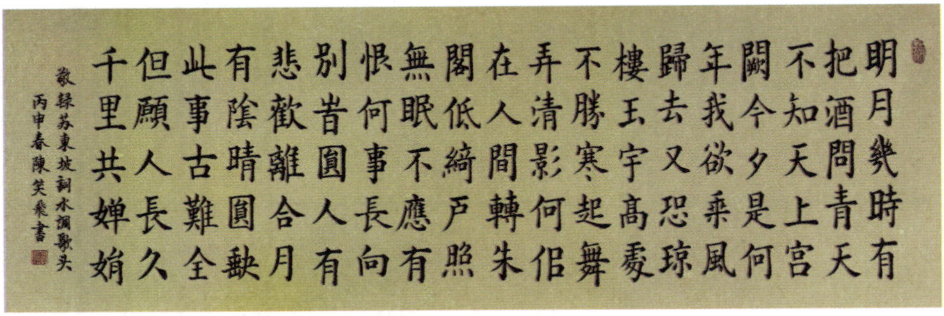

书画阅读　三等奖　陈笑飞　黑龙江省萝北县第二中学

在毕业时，哈佛大学MBA专业的学生被问及这样的问题：“你是否有明确的生活目标并把它写下来了？你是否已经制定好了计划去实现它？”

接受调查时，这些MBA毕业生的智力、学历、环境等条件都差不多。调查结果发现：只有3%的毕业生有清晰的目标并把它写了下来，13%的毕业生有目标却没有写下来；其余84%的人除了打算离开学校后好好痛快地过个暑假以外，什么目标也没有。

10年以后，研究人员又找到了当年那些被调查的学生。他们惊讶地发现：当初那13%制定了目标但没有写下来的毕业生挣的钱，是那些没有目标的84%毕业生的两倍。而最令人惊奇的是，当初那些目标明确，而且把目标写下来的3%的毕业生，他们挣的钱平均是其余97%的毕业生的十倍。10年来，他们始终朝着同一个方向不懈地努力，10年后，他们几乎都成了社会各界顶尖成功人士，其中不乏白手创业者、行业领袖、社会精英。

不管是小孩，还是大人，目标对我们每个人其实都很重要！

目标是一个人期望未来要达到的状态，目标是对一个人生活目的的说明和界定，我们每个人每天的生活都离不开目标。小到琐碎的日常生活，大到人生，都不能没有目标。我们的人生轨迹就是由一个又一个目标组成的。

对于正在不断成长走向成熟的孩子来说，目标的重要性是多方面的：

一是目标将引导孩子走向成功。美国心理学家皇德瓦曾以跳高为例说明制定目标对个人成功的重要性。实验表明，跳高时有横杆要比没有横杆跳得还要高，为什么呢？就是因为横杆给跳高选手提供了清晰的目标。对个人而言，目标就是我们的希望。美国哲学家爱默生说:“一心向着自己的目标前进的人，整个世界都给他让路”。有了目标，孩子就知道要往哪里去，去追求些什么。如果孩子专注于一个目标，坚持下去，就会取得成功。

二是目标能够调动孩子的积极性。目标是一种召唤，是一种动力，是一种吸引，也是一种激励。那些有明确目标的人，才能具有更为坚强的毅力克服各种困难。清晰的目标，可以帮助孩子战胜各种诱惑，主动离开电视机，离开电子游戏，离开舒服的沙发，头脑清醒地坐在书桌前。目标使帮助孩子战胜人类本能的天然惰性，成为自主的、积极的、努力的人。

三是目标能够发掘孩子的潜能。普通的太阳光无法点燃燃点极低的火柴，但在凸透镜的聚焦作用之下，却能将木头燃着。我们的时间精力其实就像太阳光一样，聚焦一点之后能产生数十倍数百倍的能量。有了清晰的目标，孩子才能够集中精力，会聚自己的能量，使潜能得到充分的发挥。

四是目标能够为孩子创造更多的快乐。当孩子有了一个目标之后，单单是想想这个目标都会觉得高兴。想想孩子做白日梦的情景吧，那张小脸上会不自觉地露出微笑。“我成了一个除暴安良的警察，穿上神奇的制服，破获一宗宗迷案，帮助了许多无助的人。”“期末考试，我的数学考了90分，假期可以出去旅游啦！”当然，目标带给孩子的快乐当然远远不止想一想这么简单！每天朝着目标努力，感觉自己离目标又近了一点，孩子会对自己越来越有信心；当一个个小的目标实现的时候，孩子所感受的快乐是任何物质的享受都无法替代的。因为真正的快乐正是由能够激发我们热情的东西带来的，真正的快乐来自自己创造的生活。

关于目标的作用，在心理学上是这样解释的。心理学家洛克和莱瑟姆认为，目标对行为具有促进作用，具体表现为4个方面：

第一，目标能使人把注意力集中于当前手头的任务；

第二，目标推动人努力工作，提高工作的努力程序；

第三，目标提高了人的坚持性；

第四，当原先的方法和策略不管用时，目标帮助人们形成新的策略。

如果孩子没有目标，他们的生活就像《爱丽丝漫游记》里所描述的那样：

“你能告诉我，我应该怎样从这里走出去吗？”爱丽丝问。

“这要看你想到哪儿去？”猫回答说。

“对我来说去哪儿都无所谓。”爱丽丝说。

“那你怎样走也无关紧要。”猫说。

是的，如果不知道我们要去往哪里，那么怎么过都无关紧要；随便到哪儿都行，那就哪儿都到不了。没有目标，就没有梦想，就没有期待。当然，也没有早晨起床的动力，没有早点做完作业的愿望，没有把事情做到最好的执著。这显然不是父母所期待的，孩子们也会因此觉得空虚、苦闷、烦恼。

因此，想让孩子有一个快乐的、成功的人生，父母就必须帮助并引导孩子成为一个目标清晰的人，帮助孩子养成目标管理的习惯。这样，孩子才不会在生命的航程中徘徊不前，才不致迷失方向和自我。

没有兴趣就没有真正的学习

孙云晓

一个好教师的最大魅力在哪里呢？不仅仅在于知识渊博，也不仅仅在于品德高尚，而在于引导学生进入乐学的境界。

春节回家乡青岛探望父母期间，我有幸与老同学聚会，不由得感慨万千。掐指算来，我们是1969～1971年期间的初中同学，在那个荒唐而蹉跎的岁月里，几乎学不到什么知识，也许只留下了同窗的友谊。

多少年来，有一位名叫张良的男生，一直在我脑子里浮现，令我时时思索。

我们是1969年秋天进入青岛16中学初一年级的。我之所以忘不了张良，是他有个特殊的爱好，就是经常摆弄一些医疗器具，并敢给同学针灸。当时，我们都是班委（那时模仿军队建制，一个班算一个排，我们也叫排委），可张良总开小差，痴迷于他的医生梦。不过，后来他真的进了医学院，真的成了一位名医，并成为青岛大学医学院的教授，也是青岛政协委员中有些影响的人物。就连他的妻子也是医生，是我们班里极少的同学夫妻。这位女生的家庭似乎也有从医的背景，不知道这是否是他们敢在那个年代恋爱的动力之一。

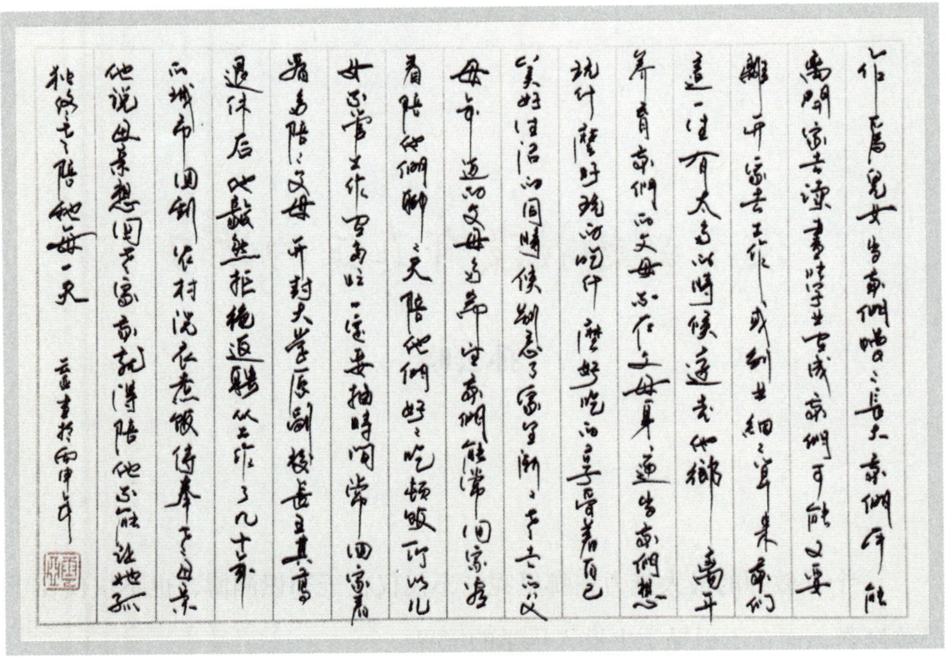

书画阅读　优秀奖　平云亚　中铁九局集团有限公司第二工程有限公司

从张良同学的人生经历，我深信一句古语，即“知之者不如好之者，好之者不如乐之者”。他所以有一个幸福的人生，并不是因为选择了从医的道路，而是做了自己最喜欢的事情。

由此我想到，一个好教师的最大魅力在哪里呢？不仅仅在于知识渊博，也不仅仅在于品德高尚，而在于引导学生进入乐学的境界。

我深感忧虑的一个难题，就是有太多的学生厌学。我们在1998年的全国中小学生学习状况调研中发现，因为喜欢读书而上学的小学生仅占8.4%，初中生10.7%，高中生仅有4.3%。可以说，至少有半数以上的中小学生存在不同程度的厌学情绪。

为什么我把学生厌学视为第一难题呢？因为厌学与爱学几乎就是一个分水岭，这不光是人成才与否的分水岭，也是人生幸福与否乃至人格健康与否的分水岭。

关于我的这一推断，在李彩娜博士主持的研究中得到了证实。2001～2005年，我主持了全国教育科学“十五”规划课题，即“少年儿童行为习惯与人格的关系研究”。考虑到要探索习惯与人格的关系，必须有心理学专家的深度介入，中国青少年研究中心与北京师范大学心理学院建立了合作关系。在邹泓教授的领导下，由一批儿童心理学博士生分别主持6项子课题的实验，为期一年。李彩娜博士负责的是“小学生学业行为习惯的培养研究”，协助她的还有何姗姗、王瑞敏、陈丽等心理学硕士，以及参与实验的北京育才学校等学校的教师和学生们。

李彩娜博士主持的研究研究最有价值的是发现了学习行为与人格发展的关系，并根据他们的研究成果对孩子的学习提出了珍贵的培养建议：

□澄清学习目的、培养学习兴趣，增强主动学习的积极性——积极、主动。

□培养计划学习的意识，掌握时间管理的奥妙——计划、高效。

□实施学习指导，确立策略学习的意识——策略、灵活。

□注意激发学生的自我效能感，即培养学生对自己能否胜任学习活动的自信程度。

□对学习习惯的培养要因材施教，注重创设良好的环境氛围，要有系统的规划。

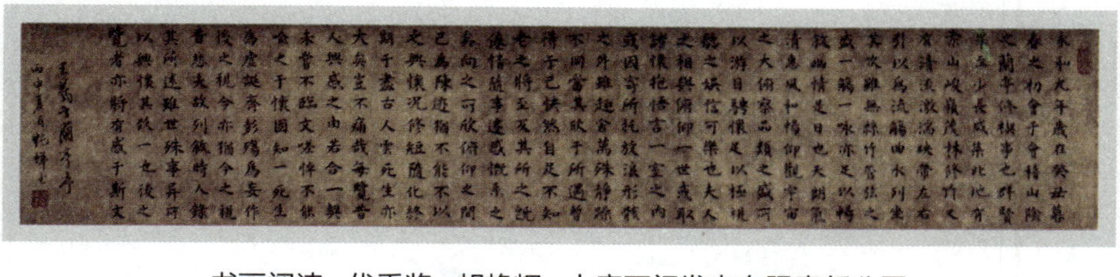

书画阅读　优秀奖　胡艳辉　大唐石门发电有限责任公司

□对小学生学习习惯的培养干预活动是必要的，但应以学习策略和学习方法为切入点，并由此带动学生学习的兴趣和主动性的变化，最终引起其学习态度和学习效能感的转变。为此，目标应注重学生个体性的发挥和教师的创造性。

每一个教师和父母都需要牢牢记住，学习兴趣永远是学习过程中最重要的推动力。所谓学习兴趣就是指力求认识和获得某事物或从事某种活动的伴有预约情感的心理倾向，那是学生学习自觉性和积极性的集中体现。

通俗一点说，真正的学习兴趣就是一听说要学习新东西了，心里便痒痒的，有一股按捺不住的劲儿。对于有学习兴趣的人来说，走向知识就是走向快乐，走向成功，挑战与幸福同在。

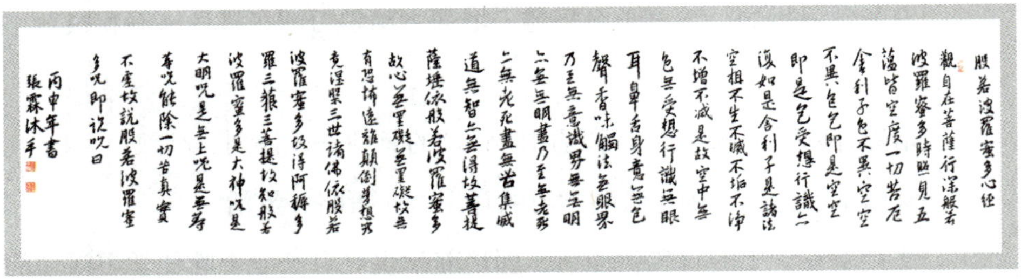

书画阅读　三等奖　张霖　中国航天科工四院四部六室

孩子注意力不集中，妈妈怎么办？

鲁鹏程

有调研显示：75%的孩子存在注意力不佳的状态。学习做事经常走神、东张西望，是缺乏注意力的孩子的通病。而这势必会影响孩子的学习或做事效率。

就拿孩子的学习来说吧，如果孩子在课堂上经常走神、东张西望，就会跟不上老师的思路，从而降低听课的效率，导致知识学习的疏漏，进而影响学习成绩。于是，有人这样说:“注意力是学习的窗口，如果没有它，知识的光芒就照射不进来。”

有个小男孩刚上小学一年级半学期，期中考试的成绩并不理想。老师向男孩的妈妈反映，他上课总爱走神，教室里稍有一点儿动静，他就会东张西望，要是叫他起来回答问题，他常常是答非所问，或者是愣在那里不知所云。

不过，妈妈却对此不以为然。因为，妈妈认为，孩子年龄还小，又是个男孩，爱走神、爱东张西望都是正常现象，随着他年龄增长，自然就会有所改观。

很多妈妈可能都会有这位妈妈的想法，认为孩子的注意力会随着年龄的增长而有所改善，甚至搬出心理学研究报告：5～6岁孩子的注意力只能维持10～15分钟，7～10岁孩子的注意力能维持15～20分钟……

的确，随着孩子年龄的增长，他集中注意力的时间会随之延长。不过，我们也不能因此而对孩子爱走神的现象不闻不问，甚至放任自流。因为，如果我们任由孩子的这一现象继续发展下去，就会延迟训练孩子注意力的关键期，等到他养成了不好的习惯，改起来就会非常难。

所以，作为妈妈，要重视孩子爱走神的现象，并想办法提高他的注意力。可以尝试一下这几种方法：

收起那些容易引起孩子走神的物品

孩子在学习或做事的过程中，很容易被周围的物品所吸引。比如，孩子写着写着作业，就玩起了手边的玩具，这势必会影响学习效率和作业质量。所以，我们要尽量减少与孩子学习或做事无关的刺激，要收起那些容易引起他走神的物品。

比如，孩子的书房要整洁、干净，不要太过鲜艳，不要放他喜欢的玩具或稀奇古怪的玩意儿，不要在墙面上悬挂卡通画、照片等；孩子的书桌上只能放与学习有关的书本、文具，把暂时用不到的书本、杂物分别放在书架、抽屉里。如此一来，孩子在学习的时候，就不容易因周围事物而走神了。

此外，孩子在做事的事情，我们要把周围的环境收拾得有条不紊，以减少令他走神的物品，从而让他专注于做一件事。

引导孩子带着任务去学习或做事

如果孩子在学习或做事时没有任务，他就会有一种盲目感，自然就很容

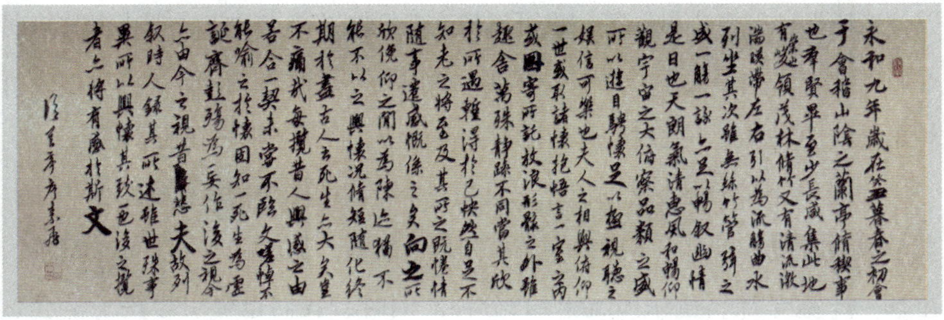

书画阅读　优秀奖　何素飞　中建一局集团第五建筑有限公司

易走神。所以，在孩子学习或做事之前，我们要帮助他明确具体的任务，并增强他完成任务的信心。

就拿预习功课来说。一方面，我们要引导孩子明确预习的内容，如语文课；大概预习哪几个方面，如熟读课文、画出重点字词和生僻字、标记出重难点和疑问；大约需要多长时间，如20分钟，要达到一个什么目标，如对课文有一个整体了解；另一方面，我们要增强孩子完成任务的信心，可以这样鼓励他说:“只要认真预习，明天上课就会很轻松，老师讲到哪里，你都会知道，老师提出的问题，你也会快速找到答案。”

孩子学习或做事的任务越明确、越具体，完成任务的信心越坚定，他的注意力就越容易集中，自然就不会走神。

教给孩子克服走神的方法

孩子在学习或做事的时候走神，似乎是难以避免的事情。那么，我们不妨教给孩子一些克服走神的方法。

可以引导孩子通过“自我暗示法”，克服走神的现象。比如，教孩子运用语言方式提醒自己，当发现自己走神的时候，就在心里默念“专注点”、

“注意听”、“专心做”等；也可以把这些话写在小卡片上，把小卡片放在显眼的地方，如铅笔盒、课本、书桌、墙面等。久而久之，孩子就会形成一种思维惯性，只要一发现自己走神了，就会马上将其“扼杀在萌芽状态”。

也可以让孩子把走神的情况记录在一个专门的本子上，比如，孩子在上数学课的时候，想起了下周要去游乐园玩的事情，那就在本子上简单记录：星期一，数学课，游乐园，大约3分钟。同时，我们也要引导孩子学会总结，看看自己都是因为什么而走神，并引导他明白“想那些事情是多么得无聊，浪费了多少宝贵的时间”。如此一来，孩子就会对走神越来越厌恶，自然就会集中精力去学习或做事了。

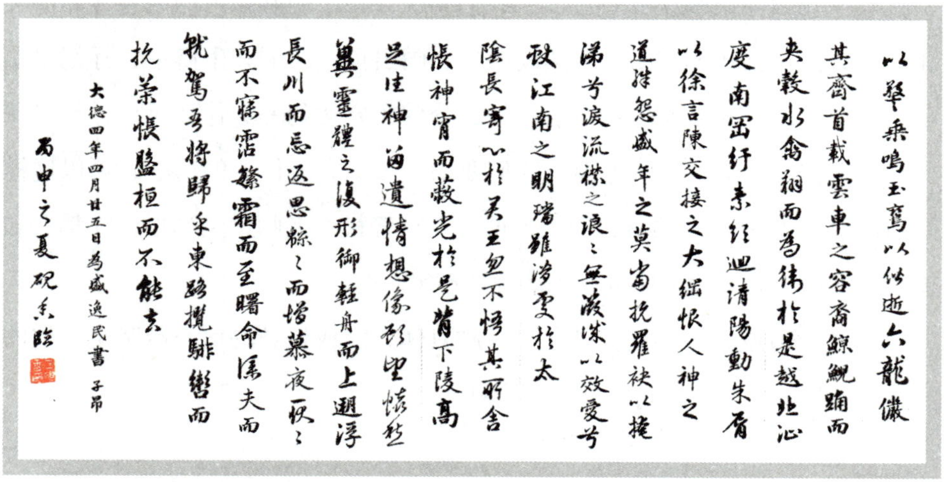

书画阅读　三等奖　王砚香　四川省眉山市丹棱县砚香书法培训工作室

塑造孩子的隐形标签

黄　薇

东东是很活泼的男孩，不停地说这说那，似乎没有烦恼。可是，听到烦恼这个词，他心情明显变得不好了：我最大的烦恼就是注意力不集中，我也想改，但就是改不了。

东东的确是因为专注力不够，被带来找我的。他妈妈说，东东上四年级了，到现在都没有养成自己独自作业的习惯，只要妈妈不在，他就不做作业，妈妈有事离开书桌，他也停止写作业，东游西逛，等妈妈回来再继续开工。每天都要写到深更半夜，妈妈很苦恼。

我问东东，注意力不集中是一种什么样的感受呢？东东说：就是上课不能认真听讲呀，写作业不认真呀，会影响成绩。知道这样不好，妈妈说，要尽量控制自己，不要走神，还教了好多方法。可是，就是控制不住，有时候，一节课能尝试好几种办法，想让自己专注起来，但是，都下课了，还没找到合适的方法。东东说，他早就知道自己有这个毛病了，看着妈妈着急，他其实也着急，拖了这么久，都改不好，真让他又羞愧又生气。

东东这样的孩子，我见过不少，孩子们因为各种各样的原因被带到我面前。有一个孩子据说在家里所向披靡，无人敢惹，只要他的要求不能第一时

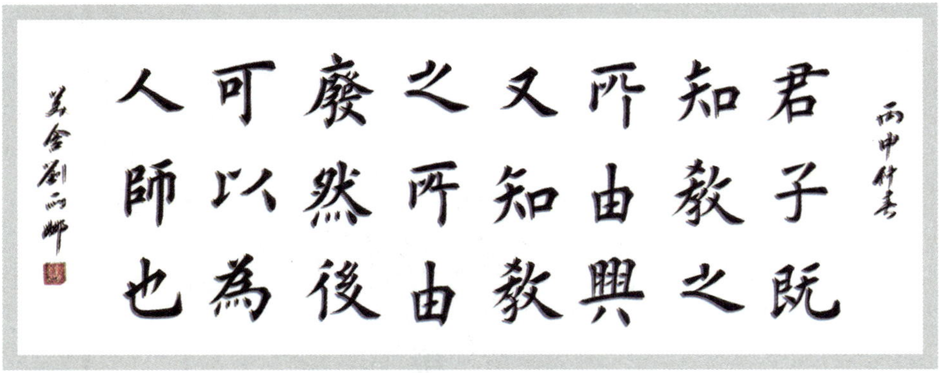

书画阅读　优秀奖　刘丽娜　黑龙江省安达市第七中学

间被满足，就会气得脸色铁青，然后咕咚一声栽倒在地，把一家人吓得魂飞魄散。还有一个孩子9岁，已经阅“医”无数，妈妈说，孩子脾气大，经常情绪大爆发，激动时控制不住，会采取极端手段伤害自己，比如跳楼……妈妈把头拼命贴近我，用低得不能再低的声音描述孩子的症状，生怕孩子听见什么话，会情绪发作。

大家都知道，不要给孩子贴标签，然而我们的很多做法，其实就是在孩子耳边，低声地、不断地告诉他：宝贝，你有病，这得治……可是，病因真的在孩子身上吗？

东东的主要问题在于妈妈对东东的生活干涉太多，造成东东凡事过于依赖妈妈，学习也是给妈妈学的，妈妈不在，当然就不要学了。

当聪明的孩子，通过父母的各种明示暗示，例如，焦虑、训斥、反复说教等方式，了解到自己的某一个“特征”，一方面，他会知道，原来他有一个借口，或者是武器，而降低改变的意愿。比如，成绩不好，作业太慢，这是因为我有问题，我不专注；脾气不好，这是因为我有问题，容易激动，容易晕倒。另一方面，孩子可能会把注意力转移到“特征”上来，而忽略了自己要干的事情到底是什么。比如，东东应该学会自己安排学习时间，独立完成作业。但是，他一直关注怎样提高专注力，希望找到一个妙招，一举改变，学习效率反而更低。

孩子都有会各种各样的问题，但是，很多时候，孩子的问题是家长塑造的，我们对孩子的某些行为的不接纳、过于紧张，强化了孩子的行为，给孩子贴了一个隐形的标签。

在小学阶段，家长最容易贴的标签就是专注力不够。这时，通常都是:①学习方面遇到困难，成就感不强，需要帮助孩子渡过难关，提高成就感；②自主性差，应该是父母过多管理造成的，应该让孩子有自己管理的机会，锻炼孩子慢慢学会利用时间，安排自己的事情；③专注时间短，容易分散注意力，需要做一些专注性训练；④学习环境不好，需要为孩子改善学习环境。

如果以上所有努力都没有做到，只是告诉孩子，你需要控制自己，要更认真些，要提高专注力，孩子根本就是无能为力的，连家长都不知道怎样做的事情，让孩子怎样实现呢?

父母看到什么，孩子就能看到什么，因此，不管孩子遇到什么样的问题，父母都先不要着急、忧虑，而是帮助孩子把注意力集中到自己的进步和提高方面，给他足够的信心，让他成为更好的自己。

一定要记住：你的态度，对孩子，就是隐形的标签。

想象力比知识更重要

赵忠心

孙女 2 岁多的时候，有朋友送来一个跟孙女差不多一般高的大娃娃，身配白色婚纱、身穿粉红色长连衣裙，完全是一个美丽新娘的打扮，非常漂亮，孙女特别喜欢。

每次来我这里，都要紧紧地抱在怀里，爱抚着，口里还念念有词，像妈妈那样不停地小声跟自己的娃娃说悄悄话。

那天，我在客厅边看电视边照看她。孙女突然对我说：

“爷爷，我们要结婚！”

我回头一看，她怀里正抱着那个娃娃，我笑着问道：

“旸旸，你跟谁结婚呀？”

孙女一本正经地说：“我跟这个小姐姐结婚。”

我说：“好哇！结婚好！”

这时候，恰好奶奶走过来，孙女说：

“奶奶也要结婚！”

奶奶面带微笑地问：

“奶奶跟谁结婚呀？”

“您跟张博威结婚。”

奶奶连连说：

“好，好，好哇！”

张博威是谁呢？是我们的外孙子，刚刚 2 岁。我和奶奶情不自禁地大声笑了起来：这是典型的“乱点鸳鸯谱”！

孙女在我家里，主要活动就是游戏。家里给她预备了一些小女孩喜欢的娃娃，我家的房间也比较大，给孙女提供了比较充足的玩具和足够的游戏空间。孙女每次来我家之前，我们都先行“坚壁清野”，把有危险的或不许她玩的东西收藏起来，或放置在她够不着的地方。她来了，想玩什么游戏，由她自己做主，想怎么玩就怎么玩。

我们的原则是：只要没有危险，不限制，不干预，不支配，大人只是在旁边袖手旁观。需要的时候，我们给孙女打个下手，接个话。

孩子从很小的时候，就在性格上表现出了差异，女孩就是比男孩安稳一些。孙女从两岁开始，就经常玩一些“想象游戏”。所谓“想象游戏”，就是孩子在假想的情境里，按照她自己的意愿扮演各种角色，体验各种角色的思想情感的一种游戏。

比如，像妈妈那样给巴比娃娃脱衣服穿衣服，拿着小汤匙喂饭。在大沙发上玩那几个靠背，一会儿把靠背排成队，她像班长那样呼喊着“一二一”的口令，叫它们“齐步走”；一会儿把靠背摆成一张小孩床的样子，她躺在上面，身边还躺着一个小娃娃，她像妈妈那样哄孩子睡觉；一会儿又把靠背并排靠在沙发靠背上，她端坐在正中间，指着她左右的靠背说：“这都是我的孩子。”然后，让奶奶给它们拍“全家福”……

上述这些游戏，属于“单独的想象性游戏”，随着年龄的增长，到 3 岁多，游戏便进一步复杂起来，开始玩“合作性的想象性游戏”。

比如：她玩小贴画，先是到处乱贴，我的书桌上，椅子上，我和奶奶的

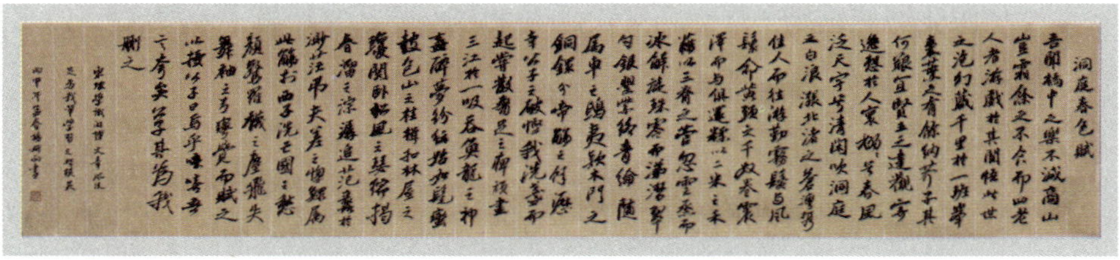

书画阅读　一等奖　杨妍丽　山西潞安集团司马煤业公司

身上、脸上都贴。

后来，就玩买卖贴画的游戏。孙女说：

“爷爷，咱们买贴画吧！”

她让我撕一小块纸片当钱递给她，教导我说：

“买一毛钱的贴画。”

于是，我就照办，孙女就递给我一张贴画。我把她的贴画买完了，然后，就调换个身份，我卖贴画，她买贴画。玩得可开心了。

不只是成年人会想象，小孩子也是具有想象力的；而且，想象力还非常丰富。小孩子在日常生活中，在看电视、画报和听讲故事中，获得了大量感性形象，通过自己加工改造，就重新形成了新的形象。这种想象性游戏，具有很大的主观随意性，对发展孩子的想象力很有好处。

孩子的想象性游戏常常以怪诞、夸张和取闹的形式出现，这很正常，家长不要限制、制止，对其怪诞的成分不必指责或纠正，有时也难以纠正。比如，有谁能给两三岁的孩子讲清楚什么叫“结婚”？谁和谁结婚才合情、合理、合法？说不清楚，就不要说。你非要说不可，只能给孩子一个似是而非的概念。而似是而非的概念就像天生地一样固定在孩子的头脑里，先入为主，将来很难纠正。

因此，应当让孩子展开想象的翅膀，任凭孩子随意去想象。

爱因斯坦说：“想象力比知识更为重要。因为知识是有限的，而想象力概括着世界的一切。”对小孩子来说，发展想象力要先于灌输知识。

1968年，美国内华达州一位叫伊迪丝的3岁小女孩，从幼儿园回到家里告诉妈妈说，她已经认识礼品盒“OPEN”的第一个字母“O”。她的妈妈很吃惊，问她是怎么认识的。伊迪丝告诉妈妈说是她的劳拉三世幼儿园老师薇拉小姐教的。

这位妈妈一纸诉状把薇拉小姐所在的幼儿园告上了法庭，理由是该幼儿园剥夺了伊迪丝的想象力。因为她的女儿在认识“0”之前，能把“0”说成太阳、足球、鸟蛋之类的圆形的东西；然而，自从劳拉三世幼儿园教她识读26个字母，伊迪丝边失去了这种能力。她要求该幼儿园对这种后果负责，赔偿伊迪丝精神伤残费1000万美元。

最后的结果出人意料：伊迪丝的母亲胜诉了。西方国家竟然如此重视发展孩子的想象力，很值得中国家长深思。

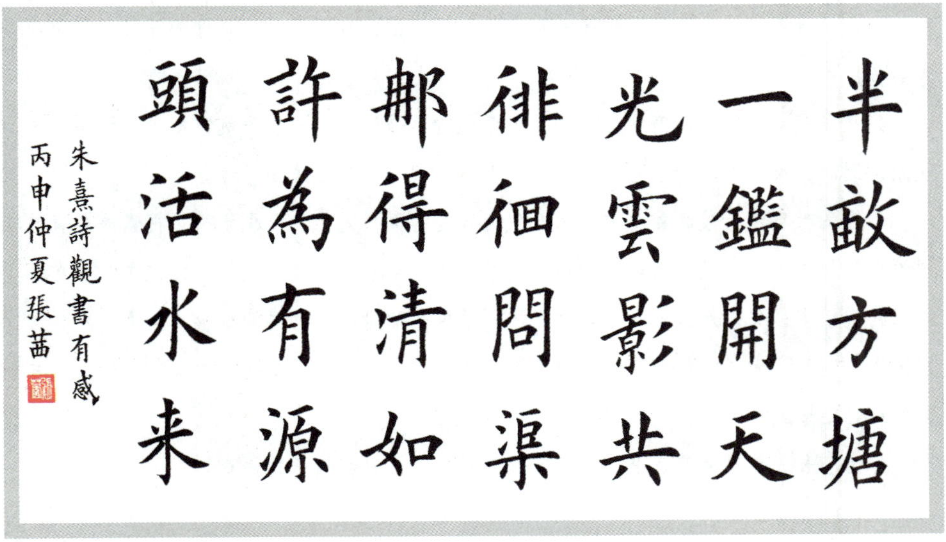

书画阅读　优秀奖　张茜　新疆维吾尔自治区人事考试中心

品味书香

书　　名：告诉孩子你真棒！
作　　者：卢勤 著
出 版 社：凤凰出版传媒股份有限公司 译林出版社
出版时间：2013年7月

[鉴赏导读]

本书是作者继《写给年轻妈妈》、《做人与做事》和《写给世纪父母》后于2004年完成的作品。本书旨在告诉每一位家长：教育的目的，在于让所有孩子的潜能最大限度地发挥出来；父母不必总让自己的孩子与别人家的孩子比，应该在乎的是你的孩子明天要比今天更棒！

好孩子是夸出来的，怎么夸孩子是有学问的。书中通过一些案例，提供了许多重要的观点，同时，大量成功的经验和失败的教训给了家长很多启迪和思考。

现在的大环境，较之作者成书的时代，还是有很多进步。至少学校重视素质教育已减缓不少学生的压力。虽然目前高考仍然是对学生多年学习成绩唯一检验的方式，但在学生学习的过程中，父母对孩子的理解和支持，学校老师对学生体罚的减少，网络的发展，信息传递的便利，无不使得他们成长之路备受关注，也使他们多了交友的渠道，得以扩充视野，更自由地成长。

作为家长，认真阅读本书，了解家庭教育，这是我们孩子的福音。

当孩子犯错时

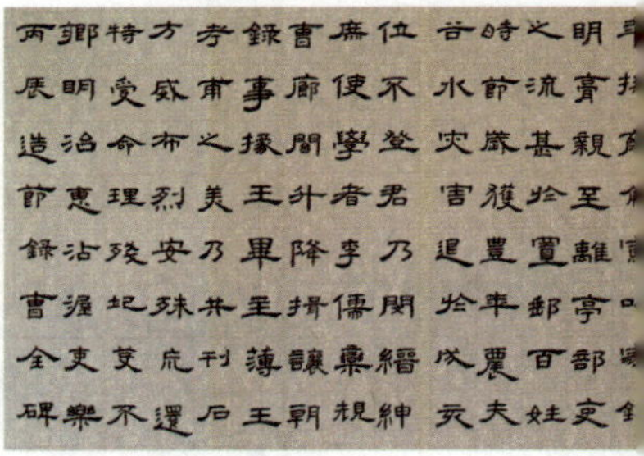

书画阅读　优秀奖　玉辞心　广东电网有限责任公司梅州供电局

当孩子犯错时

游　涵

丢失停车卡

一路上，儿子都是兴冲冲的，因为他今天终于可以卸下那重重的书包，和我一起去看电影《关云长》了。

买到票，我让他去换免费停车证。OK，儿子顺利地拿到了一张卡，有了它，我们可以免费停5小时。儿子幽默地说:“爸爸，看来我们可以看两场了。”我笑笑，摸着他那圆圆的脑袋，让他小心保管，不要丢失。儿子很听话，连尿尿时都摸摸口袋。

儿子对这部电影很失望，因为影片中的关公与他从故事里听来的大相径庭，因此当儿子走出影院时显得比较沮丧。我们乘电梯来到地下车位，儿子坐在旁边还在叹气、抱怨。

等我把车开出来，到了收费口，让儿子出示停车卡，儿子愣了，因为手中没有，再摸口袋，还是没有，他打开车内的照明灯，前后左右地寻找。然而，后面已经跟了几辆待出的车，车管员也催促我们，无奈，我交了13元。

车开出来，我仍让儿子寻找，儿子说，既然已经交费，再找也是无益，

书画阅读 二等奖 李永杰 黑龙江省林口林业局

我知道他是想草草了事，得过且过。但我还是要求他必须找到。果然，在他的座位下面，他找到了，而且回忆起来，是他随手拿饮料时丢的。

第一反应

当时我也有点窝火，可我没让它“燃烧”起来，因为我在像他这么大的时候，也有过类似教训——

那个年代的孩子没有几个不做家务，同样，那天我放学较早，放学回家后的第一件事就是给炉子生火，淘米做饭……门外的同学叫我去玩，我禁不住诱惑，把火弄小了，就“飞”了出去。那时的我也是玩起来就不顾一切，直到爸爸站在大院中央，对我怒目而视，指着我鼻子，揪着我衣领压着我回家。

屋内全是煳味儿，然而那时，最大的恐惧并不是火灾，而是父亲的惩罚。不出所料，我遭到了一顿耳光，就像日本军官抽下级士兵。这件事让我记了一辈子，而且受到了深深的伤害。

这件事对我影响是：恐惧父亲、怕承担后果，这导致我在很长的一段时间里，也会因可能发生的失误而不去作为，避免承担责任。

当然，现在的孩子不必因早放学而去做饭，所以丢失停车卡这种事显得不那么严重，然而我可不这么看。因为在做数学题时，儿子有时候就是马虎；下围棋时，明明能赢的棋硬是被对手反败为胜，因为，他容易自满，看到大局已定时，便开始轻敌。而这，这就是虎头蛇尾，就是粗心大意的萌芽。就像这张停车卡，开始保管得好好的，却在临门一脚时“失足”。

可要求一个小学二年级的孩子那么善始善终，显然是一种奢求，连我自己都没做到的事，又干吗去苛求他呢？

让孩子放松

儿子在一旁默默不语，看得出，他仍然为刚才的事懊恼，并不时地用余光战战兢兢地观察我的情绪。那时，我觉察自己的感受，是的，我仍然全身心地爱他，没有因丢失事件而有丝毫改变，理由很简单，他是我的骨肉，是这个世上唯一有权让我将生命赋予他的孩子。同样，他也在关注我的情绪，并期待父亲的谅解、协助和接纳。

于是我伸过手去轻轻抚摸他的头，这种互动是我们父子间的专利，儿子一旦感受到它，会自然地亲切起来，放松下来。

“宝贝儿，爸爸知道你还在为刚才的事后悔，算了，过去的事就让它过去吧，爸爸知道你已经够难受了，没关系，你还是我的好儿子，爸爸以后还会带你出来玩，像以前一样，爸爸并不怪你，只不过，你可能因此而少吃一碗牛肉面和一个汉堡包（与13元相符）。”

这句话有两层意思：第一，知道损失并承担责任，但不要让它们成为包袱。第二，也是最重要的，要让孩子感受到：没有因此而失去父爱，不因错误而丧失安全感的归属感，否则，长大以后，一旦在学习上出现失误，他

书画阅读　优秀奖　戚燕　西双版纳傣族园

也许会考试怯场，或者会因成绩不佳而厌学、逃学；以后在工作上若出现失误，他会过不去自责这个坎儿，甚至有可能将自己开除出去（认为家庭不再会接受他）。

勇于承担缘于有爱陪伴

很明显，他的目光柔和了许多，但眼睛里闪烁着泪花。那是一种告别，与方才那个不安的告别。这就是孩子，单纯而圣洁，只要得到爱，他就会放松。

继而我开始引导他："儿子，如果一个律师上了法庭，却忘了带证据，那个当事人也许就完了。如果一个战士上了战场没有带枪，就会成为活靶子。如果你下围棋时丢失了一个机会，忽略了对手的杀招，也会前功尽弃。如果考试的时候因为写错了一个数字，忘记了一个要点，就得不了高分。如果前面保管得好好的，却在交费时丢了停车卡，就会那么狼狈！"

这不是渲染，而是强化承担后果，是在提醒他“防患于未然”。同时也为儿子呈现出一种“父子共同承担”的状态，这是“上阵父子兵”的暗示，也是缔造或接纳合作伙伴，信任权威的心理基础。同时，不让一个孩子感觉到没有出路，这就是父爱如山！以后，这座山会永远在儿子的心中，他会因此而有信念、有依靠、有主心骨，因此，那个精子携带的不仅是基因，还有将来儿子走到世上的一切动力源泉，虽然无法替代他们一生，却可以助他们一臂之力。

儿子看看我，点点头，示意他已经明白了。

开花结果

一周后，围棋老师见到我，说我儿子就像变了个人似的，不仅棋艺大有长进，而且战胜了小组中所有的对手，因此，他有意推荐儿子去打比赛。

又过了几天，班主任老师告诉我，说刚刚举办完的数学竞赛，只有我儿子得了100+10……

我放下电话，深深为孩子所感动，他们不会向大人似的表决心，却以最大的诚意肯定父母的耐心。是的，孩子就是父母的一面镜子，他们用全部的身心吸收父母的一切，而作为父母的我们，则更应该经常提醒自己，不要因情绪化而伤害那一颗脆弱、敏感而纯洁的心灵！

良性引导

一般来说，孩子会把家里的问题都揽在自己身上，包括父母之间的问题，更何况这种原本就是他自己造成的损失。所以那个自责的包袱，已经压得他很沉重了，作父母的，不是在他惩罚自己时再雪上加霜，而是协助他度

书画阅读　优秀奖　王海霞　四川省简阳中学

过这种困境，鼓励他勇于承担责任。利用这种机会，把坏事变成好事，这就是转化能力。如此，他们会有朋友，即便所有人都不接受他，他也会接受自己，作自己的朋友，一个接纳自己的人，知道什么是真正的爱，同时，他也会体谅、包容、理解和协助他人，因为他已经具备了转化能力，这可是最佳的心理素质之一。

贴士：

儿子向父亲学作男人，如复印关系。面对逆境或困境时，父亲的心态往往就是儿子未来处理问题的心态，特别是避免情绪化时，那个大度、遇事冷静和理智，孩子都会全盘吸收。因此，养不教，父之过，绝非一句简单的话，而是一项庞大的教育工程和自我成长过程。

莫小瞧“好孩子”的坏毛病

孙云晓

孩子的内在品质和人格特点，是通过外在的行为习惯表现出来的。因此，我们需要在日常生活的细节中，通过培养孩子的良好习惯来促进其健康人格的发展。

近日，朋友圈里一篇“某名校校长致合唱团家长的一封信”火了。这篇文章提到，这所名校合唱团的孩子在国际大赛中夺得银杯，却不懂礼貌、不会主动帮助别人，在文明礼貌和礼仪上缺乏教育。文章引发了不少老师和家长的共鸣。

这封信是这名校长在莫斯科转机时写给合唱团学生家长的，之所以能广泛传播，是因为它的内容具有深刻的教育意义。一方面，这些参赛学生的“名校”、“好学生”身份与其行为存在着很大的反差，特别是这些孩子的才艺特长与专业的合唱团队相比都毫不逊色，却欠缺一些基本的素养，这的确应该引起父母与教师的反思。另一方面，这些小学生所表现出来的问题，并不是特例，而是一个具有普遍性的问题。在那些只追逐学习成绩和技艺才能的学校和家庭中可能更为严重，这才是需要我们真正警惕的。简而言之，重智轻德是当前教育的最大误区，是“好孩子”表现不佳的根本原因。

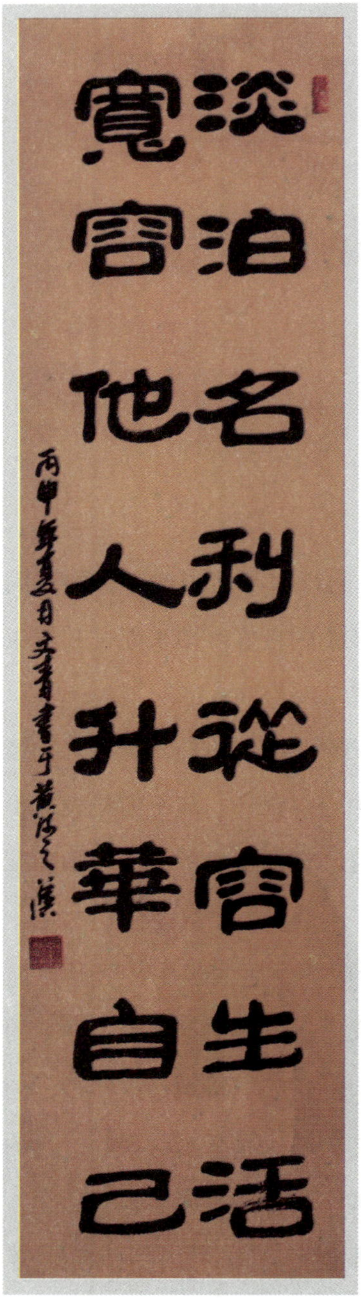

书画阅读　三等奖　张文青
河南省豫中监狱政治处

“好孩子”的坏毛病得治。“好孩子”之所以不好，问题还是出在学校和家庭的教育观上，老师和家长看重什么，学生就朝着哪个方向努力。更令人担忧的是，一些“好孩子”所谓的好表现是为了迎合老师、家长的期待，努力“做”出来的，而不良表现恐怕才是他们最自然最真实的表现。

在这篇文章流传之后，有人反思“好孩子”为何有这么多“坏毛病”，这个想法本身就给我们提出了一个问题，何为“好孩子”？很多父母和老师在这一点上就存在着很大的误区：学习成绩好、才艺特长突出，往往成为父母和老师衡量孩子是否优秀最重要甚至是唯一的标准。在这种标准的要求下，学校和家庭的教育往往会存在急功近利、重智轻德的问题。

孩子的教育应该是综合的、平衡的教育，我们不仅要关注孩子的智力教育，更需要关注孩子的品德和人格教育，并且要把立德树人放在教育的首要位置。但很多学校和家庭往往意识不到这一点，在日常生活中不仅经常忽视孩子个人素质和道德修养的教育，甚至为了追求学习成绩做出匪夷所思的事情。比如媒体曾报道，河南有一位父亲竟然雇人杀害女儿的好朋友，原因是这位父亲认为女儿的好朋友影响了自己女儿的学习成绩，在屡次告诫女儿远离朋友无效的情况下，想给她一点“教训”。

我们可以看到，如果父母只注重孩子的学习成绩，把教育功利化，忽视孩子的人格教育，其本身的教育措施和方法都会走偏，甚至走向极端，孩子的最终教育结果当然也是片面、失衡的。其实这种错误的教育倾向普遍存在，只不过这次连北京知名学校都出现这样的问题，更加让我们意识到问题的严峻性。

如何避免孩子出现这种教育失衡的现象？我认为家庭和学校应该确立教育的基本原则与目标，即教育的核心目标是培养学生的健康人格，而具体途径应该从培养孩子良好习惯入手。我曾经主持过全国教育科学“十五”、“十一五”课题，即关于少年儿童行为习惯与健康人格关系的研究，研究的最重要结论就是“良好习惯缔造健康人格”。

比如针对孩子大声喧哗、插队等行为，我们可以通过培养孩子遵守规则的社会性习惯来解决；针对孩子缺乏爱心、不肯帮助同学的问题，我们可以通过培养其仁爱习惯来纠正等等。

所以，我认为这封信虽然是一名负责任的校长对自己学生行为的反思，却揭示了当前教育中普遍存在的问题。解决这个问题的根本方法，需要家庭和学校把立德树人作为教育的根本目标，从培养孩子的良好习惯入手，努力促进孩子健康人格的健全与发展。如果不解决这一根本目标与核心原则问题，我们的教育危机将会愈演愈烈。

（2016年8月4日　本文发表于《中国教育报》）

谨慎客观地看待孩子的“谎言”

鲁鹏程

每个孩子似乎都会经历一段“主动”说谎的时间，在这段时间里，孩子总是会说一些让人摸不着头脑的话，可是一些父母就会认为他这是在说谎话。

比如，一个男孩从幼儿园回来以后，兴高采烈地对妈妈说:“今天我骑恐龙了。”这种完全不在现实的事情，妈妈自然会觉得他是在编织谎言。有的妈妈会很生气，直接就吼道:“又说瞎话！哪儿来的恐龙！”可是，我们这样的话一出，换来的可能就是男孩的不悦。

其实孩子这样的说法，原本就是他在发挥想象力，虽然道理可能是歪理，但却是他自主思考的表现。他是在用自己的思考方式去理解不同的事物。可我们这种认为他说瞎话的判断，很可能会让他美好的想象一下子被毁灭。

所以，倒不如换成这样的说法:“啊，真的吗？好厉害！如果妈妈也能坐一坐就好了。”显然，这样的回应会让孩子感觉自己的想法得到了妈妈的认同，而且妈妈也是一个好听众，给了他最想看到的回应。如此一来，他也许就会更起劲地去想象，那么他的思维世界就会被不断扩大，而我们的回应，也能把我们带进他的世界之中，和他一起去体会他眼中的那片美好。

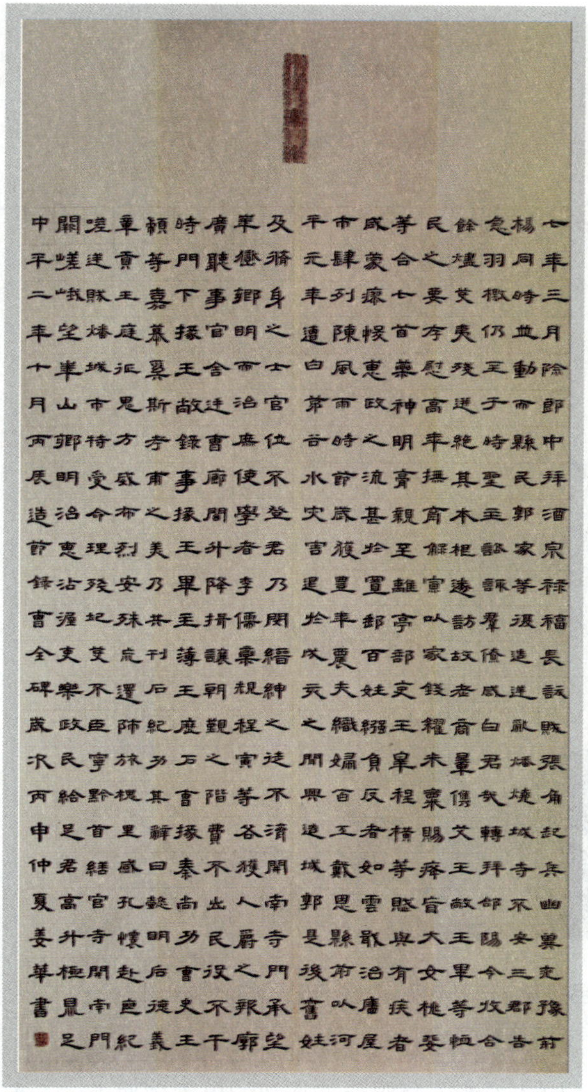
书画阅读 三等奖 姜华 黑龙江省鸡西市第十八中学

在我们看来，孩子说谎的确是令人担心的事情，不过孩子在一段时间内有说谎的表现是很正常的。根据发展心理学的统计，孩子一般会在3岁左右开始学会说谎，到小学二三年级时达到说谎的“高峰期”，说谎的次数最多。不过这个“高峰期”过去后，孩子的说谎次数就会减少了。同时，孩子说谎也有不同的原因，我们不能用看待成人说谎的眼光去看待孩子的说谎行为。

因此，对待孩子的谎言，我们也别太过于担忧，倒不如换一种心情去看待，换一种方式去应对。别一听见孩子那不着边际的话就立刻发火，甚至是大吼大叫。我们越平静对待，就越能发现孩子谎言背后的真实目的。

孩子的谎言，一般都是将他自己没有经历过的事情说得好像真的一样。

书画阅读　优秀奖　吕莎莉　云南电网有限责任公司临沧供电局

如果换个角度来思考的话，我们还不能不佩服他那高超的思维创造力。在他的想象之下，虽然他没有经历过，可是我们却常常能在他的话语中看到生动的画面。

对于孩子天真的话，不要立即纠正他，这是他童真的表现。

如果仔细观察的话，我们还会发现，孩子都是在很认真地说着谎话。这并不同于成年人之间那种虚伪的言语欺骗，因为在孩子看来，现实与谎话似乎是没有区别的，在他的世界里，尽管谎话是编织的故事，但却也同样具有存在感。他充分运用自己的思维，将谎话转变成真实，这些都是他在调动自己思维的最有力的证据。

虽然我们对孩子的谎言要坦然视之，但却要具备足够的判断力。在保持心情放松的同时，也要去判断孩子说谎背后的目的。如果是像前面提到的那种无伤大雅的想象，就不妨和他一起幻想；如果他是为了躲避惩罚或者批评而撒谎，我们也不要一上来就着急，完全可以给他一个表达的机会，让他把自己绞尽脑汁想出来的话都说完，然后再根据他的意图去提醒他怎样做才是正确的，并慢慢培养他的诚实品行。

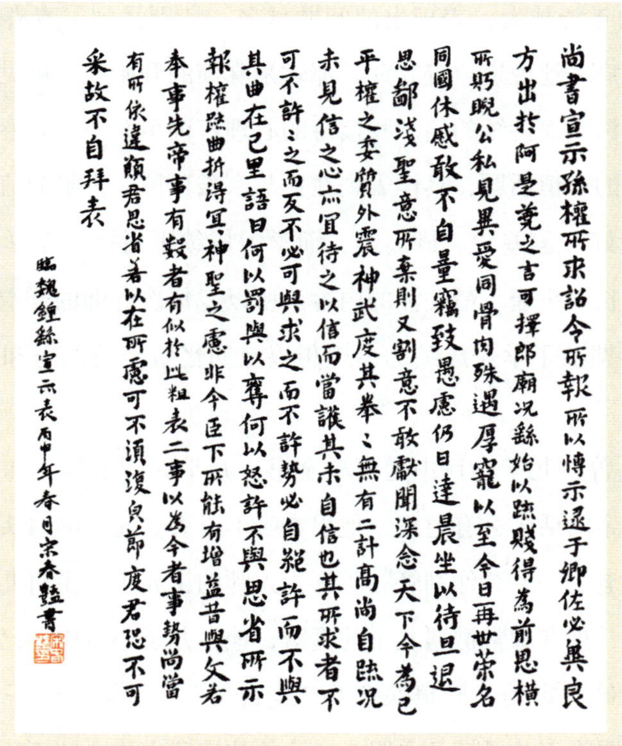

书画阅读　优秀奖　宋春艳　黑龙江省安达市安化小学

家长遭遇青春期

马　健

孩子的年龄越大，表现出的问题越多，特别是到了青春期的时候，于是不少家长痛苦地说道“青春期，那才是麻烦的开始”。可见，青春期给家长造成多么深刻而持续的痛。我接待的心理咨询个案中，青春期的叛逆更是与家长探讨的永恒话题，具体表现在：与家长顶撞、拒绝交流、厌学、交朋友、兴趣爱好“偏差”、成瘾等，而学习成绩下滑往往是学生最突出的表现，也是家长最头痛、最关注的内容。所以，每次咨询的开端，总是从听家长讲述青春期孩子学业成绩的不理想以及回忆曾经的优秀和行为美好开始的。

王先生曾在儿子心目中是百科全书，几乎无所不能。如今儿子读到初中，无论父亲的话多么有道理，他根本听不进去。儿子的口头禅就是“你不懂”、“你老土”、“你别管”。好为人师的王先生一手将儿子培养成一个优秀的学生，现在却常遭遇儿子的奚落，他在儿子心目中，已经变成了一个不懂时尚、缺乏审美、思想保守的“老古董”。为此，父子二人曾有过冷战，父亲要眼瞧着儿子摔几个跟头，让他从实践中体会“不听老人言，吃亏在眼前”的真理。但儿子跌倒了也不在乎，站起身继续前行。王先生却变得

书画阅读 优秀奖 王俊恒
安徽师范大学纪委

不安了。

孩子在小的时候很乖巧，他们会认为父母无所不知、无所不晓。随着孩子阅历的增加，父母的权威性在他们心中逐渐降低，而青春期时，孩子流利地表达自己的判断和思想，当与家长观点和态度不同时，一些家长认为孩子顶嘴、不听话、不服管教。而事实上，一直听父母话，没有属于自己的观点，或从不表达自己想法的孩子，成年之后可能表现出青春期后延、叛逆行为更明显，或者缺乏主见，胆小怕事等特点。所以，孩子“不听话”是走向成熟的序幕。

李女士与丈夫宋先生强行带着14岁的女儿小宋来到咨询室，李女士主讲了被老师请到学校谈女儿学习成绩，老师暗示可以一对一的家教辅导比较有效果，强调如果学习掉队，以后就更难以跟上等等。当李女士花高价为女儿安排了到重点中学的老师家去接受辅导。本来满怀希望的李女士渴望通过辅导女儿的成绩能有起色，不料老师看到小宋心不在焉，不停地发短信。一次辅导后老师拒绝了小宋二次登门，并将情况向李女士如实反映。李女士查了女儿的手机记录，发现女儿正在与同学热恋。于是李女士将女儿成绩下滑的原因统统归为早恋，为此，李女士指责、训斥了女儿。此后，女儿不与母亲说话，无论父亲如何调解，都没有起到相应的作用。为了确保女儿安全，夫妻二人经常轮班跟踪女儿，一旦被发现就佯装巧合。父母的诡计被女儿识

书画阅读　优秀奖　边珠华
中国电信股份有限公司北京分公司

破后，终于爆发了家庭战争。

升入中学后，学习的难度增加。女孩的青春期又略显麻烦，每到例假期间，情绪处于相对低落，也会对学习产生一定的影响。青春的萌动，对异性的好感，开始寻找心仪的朋友。曾记得在一次青春期心理的课堂上，中学生对大学生恋爱的称谓是“黄昏恋”，中学生“恋情”之早可见一斑。在此特殊阶段，异性之间的交往是一种常见现象，而家长往往高度警觉，特别是女孩的家长，他们担心孩子吃亏，以各种手段干预女儿与异性的接触，这种行为的结果往往事与愿违。

青春期孩子开始异性交往，说明他们已经成长，愿意与人分享一些小秘密。他们渴望爱与被爱，这是最纯真的爱。家长尊重孩子爱的选择，并分享他们的快乐，指导孩子爱的方式，探讨可为和不可为。如果一味地强行阻拦和施加压力，有可能导致“罗密欧朱丽叶效应”，以至于不堪忍受的孩子为报复家长而采取极端行为，如：离家出走、“私奔”等。与孩子开明交流、展望未来的理想和生活，并努力孩子为之而努力。曾有某老师与早恋的两名同学探讨设定目标，双双考入重点大学，不仅学习不掉队，而且二人有共同的目标、相互支持和帮助，一起努力达成心愿。

青春期，是多事的季节，家长要做好充分的准备，迎接孩子的挑战，有可能在此阶段，孩子会一次次地击穿家长曾经设定的底线。青春期是人生必经之路，这段路上布满了沙砾，一家人行走将变得艰难，这是许多家庭共同的体验。

叛逆是成长的台阶

黄　微

瑞瑞13岁，他的爷爷曾是中学校长，为人严厉，对自己的孩子更是说一不二。瑞瑞爸爸青春期时，和校长爸爸打得不亦乐乎，爸爸不让自己做什么，他就偏做什么，当年，爸爸让他好好读书，他非要去读技校做工人。长大后，他不免对自己当初的选择有些后悔。如今，他自己做爸爸了，痛定思痛，坚决不能让孩子不听话，一定不能重蹈自己的覆辙。

瑞瑞凡事都要看爸爸的脸色，爸爸不表态，他就不敢说话，13岁的孩子，在外人面前，连自主说话的权利都没有，慢慢地，瑞瑞不爱说话了。

瑞瑞的沉默让人觉得和他交流非常痛苦，他面无表情，一声不吭，问烦了，站起来就走。

他爸爸觉得这都不是问题，让他苦恼的，是瑞瑞的成绩总是不能名列前茅，他觉得瑞瑞学有余力，稍微一使劲就能考第一名，他希望能找到这样一个方法，让瑞瑞提高学习的主动性。

我一直告诉瑞瑞爸爸，学习成绩是自信的副产品，只要孩子发展得好，有了自信心，成绩不用发愁，他自己就会努力。但是，如果只关注成绩，不考虑孩子的心理发育，不自信的心理会拖成绩的后腿。

书画阅读　三等奖　郭萍
国网陕西省电力公司检修公司西安运维分部

成长就是在合适的时间做合适的事情。

瑞瑞正是叛逆的时候，这样对爸爸言听计从，意味着瑞瑞的内心还没有长大，依赖爸爸，不相信自己。虽然很多人说逆反期不是孩子人生必须经历的阶段，但是，对于从小家教严格的孩子，叛逆是成长的必经之地。只有经历了叛逆，他才能明确自己的人生界限，允许自己为自己的人生做主，而不是把掌控权交给别人。

我自己对此深有体会。我父母都很强势，不允许我们不听话，我也对我父母带有天然的崇拜，觉得他们什么都是对的，没有他们把关，我自己就不敢做主。上学离家后，我写了很多文章，编辑问能否修改我的文章，我让他们全权做主，然后他们把我的文章改得乱七八糟。可是，我坚信，他们在做对我最好的选择，对此，我深信不疑。因为，我不相信我自己的判断！

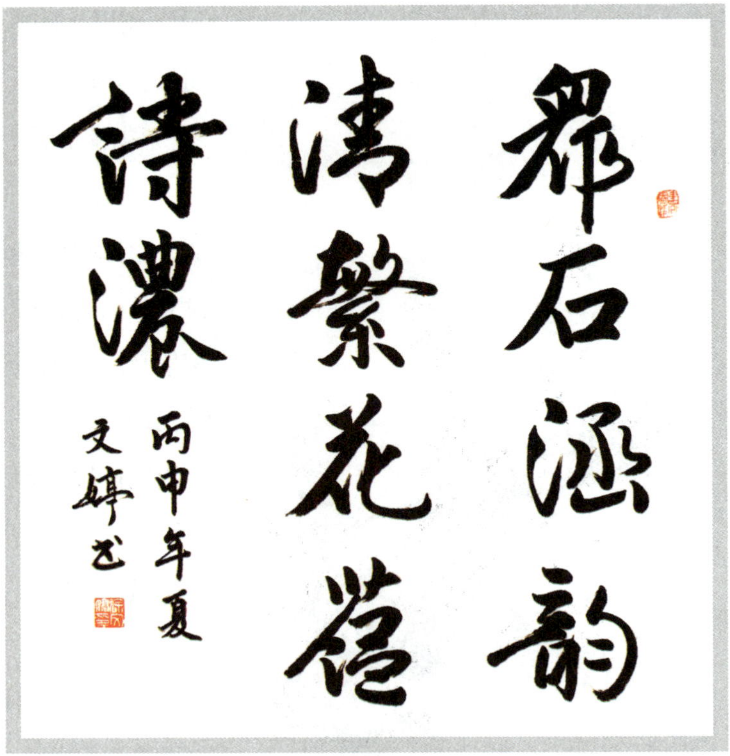

书画阅读　优秀奖　徐文婷　济南铁路局济铁物资总公司招标代理公司

结婚后，我凡事都跟丈夫商量，都是因为不敢相信自己，我必须要为自己找一个领导，不是父母，就是别人。

我的逆反期来得特别晚，30多岁时，我人生的体验增多了，渐渐发现，这些被我奉为神明的人，不是总是正确的，我不那么听话了。为此我父母非常不适应，因为他们渐渐被我排除在我的生活之外，他们和我激烈争吵，我拒绝让他们再参与我的生活，指手画脚。我妈妈见我拒绝和他们沟通，就给我写很长的信，表示他们的忧虑和担心。我连看都不看，就扔到一边。

我发现，逆反是因为我内心成长了，我相信自己的判断是正确的，不需要再寻找别人领导我，我不再凡事都征求别人的意见，只要觉得对，我就会去做，而我也坚信我能承受各种后果。

这么多年来，我一直不觉得自己能成就点什么，但是，现在，我很清楚自己的优势和劣势，不再抗拒独当一面。

我告诉瑞瑞爸爸，如果你总是严厉约束孩子，就是在限制孩子的能力，抹杀孩子未来的种种可能性。

让孩子自己做主，哪怕错了，都不可怕，他还小，还有纠正的机会。允许孩子叛逆，叛逆，意味着孩子在和你割裂，他在成长，在学习摆脱你的控制。不要对孩子的不听话如临大敌，孩子需要学习为自己的人生掌舵，而我们其实已经不了解孩子的生活环境了。

瑞瑞的爸爸说：我当初就叛逆，可是结局也并不好呀？我告诉他：他当初的叛逆，其实只能算自我成长的第一步，只能算是摆脱控制的战争，他和他爸爸一直在争夺控制权，所以他所有的出发点都是为了反对爸爸，而没有关注自己真正的需要，真正的想法。一个真正独立的人，是知道自己想要什么，不想要什么，清楚自己的想法，坚定不移。这是自我成长的第二步，需要父母为孩子提供机会，做各种尝试和体验，让孩子真的知道自己能做什么，喜欢什么，有什么样的能力，而不是茫然地仅仅为了战争而战争。

说到底，明智的父母，应该是放手的，让孩子有展翅高飞的机会，不要担心孩子在学飞的过程中碰壁，要允许孩子做各种尝试，要相信所有这些体验都是人生中宝贵的财富，孩子都会从中有特别的感悟，从而变成自己成长的养分……

品味书香

书　　名：拯救女孩
作　　者：孙云晓、李文道 著
出 版 社：作家出版社
出版时间：2011 年 5 月

[鉴赏导读]

家里有个女儿，到底该如何养育她？本书从生殖健康、自信心、爱和性的困惑、性行为与少女怀孕、节食减肥、“剩女”的产生、独立性、暴力、体质健康这10个不同的方面阐述了女孩的特点及应对的意见，让我们这些拥有女儿的父母找到了解决问题的方向和方法，为女儿的健康快乐成长提供了技术保障。

女儿即将进入青春期，作为母亲怎样给予女儿正确的引导和解答。本书以比较专业的角度写了女孩月经的形成、经期的卫生与健康、痛经如何防治、雌性激素刺激下乳房的发育和身体上脂肪的不断积累，并最终形成迷人的“S”曲线。

关于性教育，本书引用具体的案例对过早的第一次性行为以及不加保护的性行为带来的后果进行了分析。

本书建议女孩要树立健康新观念，学会给自己减压、均衡饮食、加强体育锻炼。身体是革命的本钱，好体质是女孩一辈子的健康与幸福。

让孩子

完整

地成长

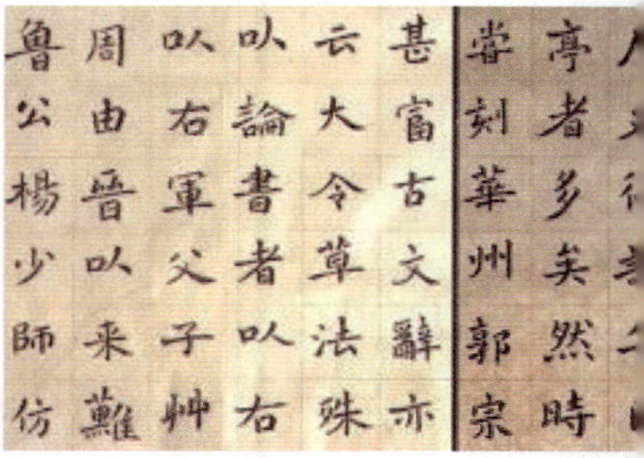

书画阅读　优秀奖　赵桂兰　兰州石化公司

告诉孩子“不要轻易许诺”

孙云晓

家长都希望孩子能做一个诚实守信的人，但是诚实守信的具体表现是什么？父母可以把诚实守信化为一些具体行为告诉孩子，让孩子真正理解什么样的行为叫诚实守信，同时也让他们知道自己如何做才能不失信于他人。

曾有人这么说：“话没出口，你是它的主人；话一出口，它就是你的主人。”也就是说在你的头脑中你如何想是自己的事情，你不需要对此负什么责任，但是当你的话一旦说出口，你就要为它负责。这也是一个负责人的人对自己言语应有的态度。所以在生活中，不要轻易许诺。

一个商人临死前告诫自己的儿子：“你今后要想在生意上成功，一定要记住两点：守信和聪明。”

“什么叫守信呢？”儿子问。

“守信就是如果你与别人签订了一份合同之后，你才发现这份合同可能会导致你倾家荡产，你仍然要照约履行。”

“什么叫聪明呢？”

“聪明就是不要签订这份合同！”

这位父亲说出了问题的两个方面：人要说话算数，与人有了约定后，不

书画阅读　一等奖　杨建梅
云南省昆明市盘龙区金康园小学

能因为发现自己会吃亏就不遵守约定；但是如果总是这样，自己的利益可能就要受到影响，生活也会很悲惨，所以在许诺之前，有一个更重要的条件，那就是要做一个聪明的人，在与别人约定之前要认真思考，不要轻易承诺什么，尽量避免因为守信而让自己受损失的事件发生。

《春秋·礼记·表记》则从另一个角度，说明了不轻易许诺的道理：“口惠而实不至，怨菑及其身。是故君子与其有诺责也，宁有已怨”。也就是说对他人许诺而又不付诸实现，可能会引起对方怨恨或加灾害于轻易许诺者本身的结果。所以君子宁可别人对自己有埋怨或怨恨，也不轻率许诺。

父母要告诉孩子，在答应别人的请求之前，要认真考虑下面的问题：

要对事情有所了解。

比如要了解这件事的具体要求是什么，自己是否有这方面的资源，是否有能力完成这件事情。一切从实际出发，才能够真正做到守信。否则，不仅不能提升自己的道德修养，不能给自己的信誉加分，还可能会害人害己。

要让孩子明白做成一件事情需要一些条件，仅有热情是不够的。每个人并不是万能的，有一些事情我们是做不到的，是力所不能及的。如果仅仅凭着想当然就做出承诺，那我们在一开始就是对这件事情不负责任，是对自己的诺言不负责任。

不要断然拒绝，也不要满口答应。

如果自己对能否完成这件事情没有把握，但是他人又特别需要我们的帮助，我们可以把话说得活一点，比如“我试试看吧”、“也许我可以做得到”、“我先了解一下”、“这件事做起来有些困难，但是我可以试试看能不能帮上你的忙”。

说这样的话，也许有人会觉得是不是太不义气了，没有那种“没问题，这件事包在我身上”听着痛快。但是，如果我们对某件事没有充分的把握，自己又大包大揽，我们传达给他人的信息是“我可以很容易地解决这件事情”。于是他就不再为这件事情去想别的办法，也没有去做这件事做不成的心理准备。

如果这件事没有做成，朋友就会有两方面的损失，一是耽误了他的事，让他失去了做其他努力的机会。因为如果我们传达给他的是不确定的信息，他还可能去做其他的努力，也许东方不亮西方亮，他在别人那里找到了解决问题的办法；二是他会有强烈的心理失落感。如果这件事情确实比较难，如果我们没有给他肯定的信息，他就会有事情做不成要怎样做的心理准备。现在满怀的希望一下子落了空，那种心理的落差一定是很大的，对许诺人的抱怨情绪也会加剧。

懂得关爱集体的孩子才会更快乐

孙云晓

在人的一生中，除了家庭、亲友外，另一个重要的环境就是集体。对于中小学生来说，更重要的是班级、少先队、共青团或者学校这样一个集体环境。对于成年人来说，就是工作单位或者公司团队。除了这些正式的集体外，还有很多自发组织的小团体或活动小组，这些也形成了集体。人总是要生活在群体中，一个懂得爱集体的人，能给群体带来正能量，能成为这个群体中受欢迎的人，能使自己快乐也能使大家快乐。一个不懂得爱集体的人，容易给集体带来麻烦，让群体中的成员烦恼，使自己成为孤家寡人，以至于大家不快乐自己也不快乐。

所以，培养孩子真爱的好习惯，自然要包括爱集体这个重要的习惯。集体是学生思想品德形成和发展的重要环境。中小学生的良好思想品德在积极向上的集体生活中才能更好地形成。同时，孩子在集体中生活，也是他们社会化的一个重要途径，在这个环境里，他们接触的更多的是同龄伙伴。社会化理论认为，同辈群体在儿童的社会化中具有重要作用。班集体是正式的社会群体，班级中的成员之间相处的时间较长，范围较广，因此对一个人的影响也更大些。培养孩子真爱的良好习惯，不仅要爱自己、爱父母、爱他人，

书画阅读　优秀奖　谭天　中石化销售有限公司河南信阳石油分公司

也要爱集体。

江苏省邳州市实验小学刘翠芹老师向我们介绍了“一次特殊的考试”。这个考试是一位德育老师曾在班里进行的，发现的现象引人深思。那天，德育老师在课堂上对同学们说要进行一次测试，看看大家对教材掌握得怎么样。课后，她领来了62张白纸，按照班级的小组数分成了4部分。上课后，老师告诉同学们要开始考试了，随后和往常一样，把4部分纸发给每组的第一个同学，让大家往后传，每人拿一张。其实，在这之前她已经偷偷地在每组的前两张纸上做了手脚，有的一面弄脏了，有的撕破了，有的上面被笔划了一道……

德育老师仔细观察每个同学的表现。第一个同学拿到纸愣了一下，立

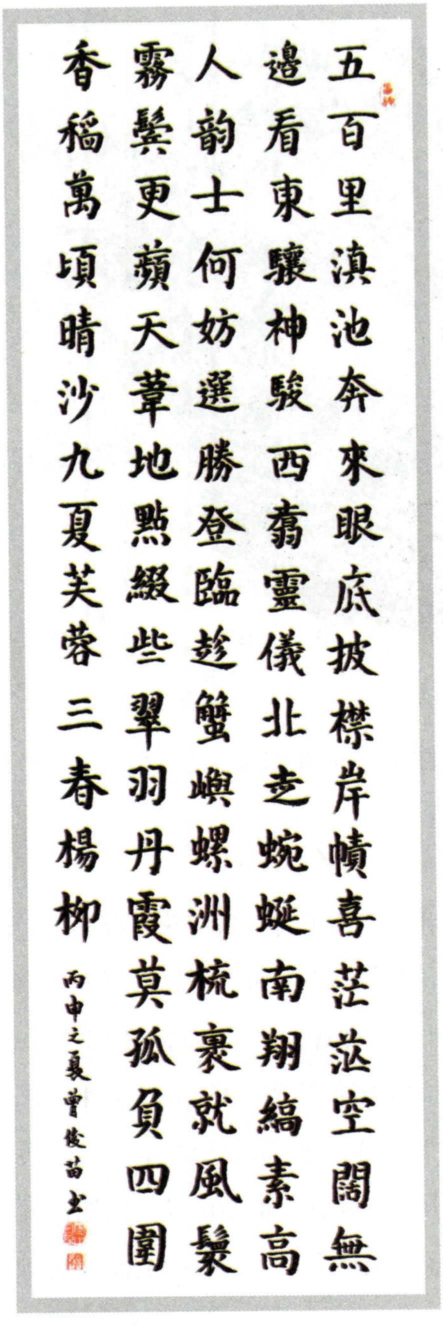

书画阅读　优秀奖　曾俊苗
云南省昆明市西山区福海街道总工会

即从下面拿了一张，看看可以了，就把纸传给了同桌……纸传到了最后，有几个同学找老师要求换纸:“老师我的纸是坏的。”“我的纸是脏的。”德育老师示意两位同学先回到座位上，他们很不情愿。

刘老师写道：

学生们紧张地等着老师出题目，听到的却是“同学们，考试已经结束了”。学生们先是一愣，接着像炸开了锅似的，不知道老师葫芦里卖的是什么药。她示意大家安静，并说:“请拿到坏纸和脏纸的同学站起来。”结果站起来的绝大部分是后面的同学。她接着说:“还记得我们以前学习的课文《讲谦让》吗？其实，我是想通过今天的考试来检查一下同学们对学过的内容掌握了多少，理解了多少，能否学以致用。看来，大多数同学没通过这次特殊的考试，把干净、完好的纸留给了自己，不好的纸都留给了后面的人……”好多学生都面露愧色，低下了头。

这样的情况在生活中或许经常

可以看到吧？有的孩子在班级没人时乱扔垃圾，有的孩子轮到自己值日偷偷溜掉，有的孩子看到同桌考砸了心里高兴，还有的孩子对班级各种活动漠不关心……现实生活中，的确有很多孩子缺少集体的概念和助人为乐、帮助他人的良好行为，一些成人也认为和爱集体相比，孩子的成才才是最重要的事情。也有的父母对孩子娇惯过多，使孩子养成了“以自我为中心”的不良行为，遇事只会想到自己、很少顾及他人。长此以往，孩子很容易形成以自我为中心的性格特征。

孔子说：造词“乐于助人者，必有仁爱之心；有仁爱之心，必有助人之行；有助人之行，必有助人之乐。”可见，在中国的传统道德观念中，助人为乐，热爱集体是重要的道德观念和行为准则，人们在帮助他人中会获得很多快乐。

美国学者对此也做出了论述，宾夕法尼亚大学心理学教授马丁?塞利格曼提出了幸福的三个组成部分：①愉悦，体现为面带笑容、高兴；②参与感，体现在工作、家庭、浪漫和爱好中；③生活意义，体现在用个人的力量服务他人和社会中。从这三部分看，让自己生活得有意义是获得幸福的重要元素。例如，爱护班集体的荣誉、为集体争光、参加公益活动、帮助邻居做事、到敬老院参加慰问活动等。

从这个角度看，培养孩子乐于助人、热爱集体的良好习惯，不仅有助于孩子的社会化，有助于形成良好的道德品质，还会让孩子拥有快乐的人生，并最终形成健康的人格特征。

如何培养孩子的自尊心

董进宇

自尊是人类生命的本源，是人走向群居生活的基础。自尊心则是人格的主干，是一个人作为独立个体的尊严感。一个有自尊心的人，他会努力不使自己成为家庭、集体乃至社会的包袱和累赘；不能容忍自己成为别人耻笑的对象；更不能容忍别人的施舍。一个孩子只有建立起自尊心，才能逐渐建立起自立精神。在他的意识里，靠自己努力来获得成功才是真正的幸福，这样他会逐渐培养起主动学习的精神。

要知道，任何一个孩子的自尊心都是从小培植起来的，是我们家长对待孩子的态度所决定的。所以，家长作为孩子的第一任老师，首要任务是培养孩子的自尊心。要培养孩子的自尊心，家长应做到以下4点。

尊重孩子

尊重孩子是为人父母的一个基本准则。每位家长都必须明白，在人格上，孩子是和自己平等的主体，他理应受到平等的对待。要想培养起孩子的自尊心，家长首先要做的就是尊重孩子。像尊重领导、同事、朋友一样尊重

书画阅读　优秀奖　文永霞
海南电网有限责任公司昌江供电局

你的孩子。

要做到尊重孩子，家长首先要改变同孩子说话的口气，要把教导训斥的口气变为平等的交流的口气；其次改变同孩子谈话的方式，要把居高临下批评教育的谈话方式变为协助讨论的谈话方式。尊重在孩子生命早期最重要的表现是让孩子说话，让他把话说完，不要用你的判断代替他的判断；再次当孩子犯错误或有不正确的想法时，家长应心平气和地和孩子讨论他们的所作所为，引导他们认识错误。家长应以这样的语气说话："我认为你是个好孩子，你这样做肯定有你的原因，那你说说看……"

尊重孩子的另一方面是要教他把自己当成另外一个人来尊重，即尊重自己。只有尊重自己，继而承认自己，喜欢自己，这样一个生命才会对自身的存在产生价值感。只有当一个人感觉自己是有价值的，他的腰身才能挺直，才能在人前抬起高贵的头。所以说，自尊是一种情绪状态，也是一种做人的观念。尊严是生命之树的主干，如果一个人的精神世界没有尊严，那么他终生都趴在地上，无法站立起来。面对有财富权势的人，他会低眉顺眼；面对贫者或乞丐，他会一副不屑一顾的嘴脸！在这方面，西方人的观点很值得我们借鉴：无论是国家元首，还是沿街乞讨的乞丐，都有平等的获得同样尊重的权利！所以，我们培养孩子自尊心第一要义是尊重孩子。让我们的孩子无论何时何地面对什么样的情境都能不卑不亢，俯仰两无愧。

信任孩子

要培养孩子的自尊心，家长就必须要信任孩子。当一个人被信任的时候，他道德败坏的可能性就几乎不存在。家长首先信任孩子的人格，信任孩子是有自尊心的人、有责任心的人、能够自立的人。假如家长能把你的那种信任不断地传送给孩子，孩子想要做出与家长希望相反的行为就太难了。所以信任是对待孩子的第一态度，要相信孩子的话。家长不信任的态度将在孩子的心灵上留下怀疑的种子。

我的朋友曾告诉我这样的事情。有一次，他和妻子带5岁的女儿到他的公司里，员工都已经下班了，他和妻子在他的办公室里谈公事，孩子自己在外面玩。等他们准备回家的时候，他和妻子发现外面一张办公桌上的电脑主机摔在地板上。朋友当时就意识到是孩子弄的。他和妻子用眼神沟通了一下，然后他们什么也没说，装作没有发现一样带孩子回家，回到家里，仍然不提这件事情。这天晚上，孩子显得闷闷不乐。第二天早上，孩子主动对妈妈承认自己的行为，并为昨晚没有告诉妈妈而表示歉意。

试想，如果我的朋友为损失电脑和孩子没有当即认错而恼火发怒质问孩子，那么他将付出的代价是伤害了孩子的自尊心。当我们被人质疑时，前提是我们已经被怀疑了，已经不被信任了。我们太多的家长在平时的态度中已经流露出这样的不信任。作为成年人，当你不被信任时有何感想？对孩子是一样的道理。

与孩子平等对话、沟通

培养孩子自尊心就要求家长与孩子平等对话，和孩子沟通。

孩子的生命里最大的痛苦是没有得到和大人平等的对待，却在能力上被要求和大人一样做对事情。这实在是荒谬！孩子的能力需要慢慢培养，而孩子与生俱来就有被平等对待的权利。

“有对话就有平等”，不论是谁，只要进入对话状态，两人之间的关系马上变成平等地对待。如果成年人不能放低位置和孩子进行沟通，就根本无从知晓孩子的心中想什么。孩子是如何看待世界？为什么孩子对待微小的事物那么感兴趣？

一位年轻母亲带着5岁的女儿去逛街，街上车水马龙，人流拥挤，很是热闹，妈妈扯着孩子的小手，兴冲冲地往前走，嘴里时不时还和孩子说:“宝宝，你看多热闹！……”突然想到孩子有半天没有说话了，低头一看，孩子已经哭花了小脸，“怎么哭了，逛街不好吗？街上多有意思呀！”妈妈边说边蹲下帮孩子擦脸，在蹲下身来的一刹那，她蓦然呆住了——她视线可及的全部竟是满街扭动的屁股！

孩子眼中的世界和你眼中的世界是天壤之别。当成年人蹲下来与孩子平等对话、沟通，这将是这个孩子一生的幸事！

保全孩子的“面子”

培养孩子的自尊心，就要时刻注意保全孩子的“面子”。如果生命初期就没有“面子”，孩子的自尊心根本无从树立。

“面子”是一个人自尊心外化的表现。太爱“面子”是虚荣心作怪，是在掩盖自卑感。我的研究结论是，要“面子”的深层原因有三层，最外层是虚荣，深一层是自卑，最深层是自尊。一个没有自尊的人，根本不需要虚荣。之所以表现得虚荣，是因为他还按人类社会的高尚标准来要求自己，当自己达不到标准时，就用伪装的方式来实现。而自卑是用这个规范跟别人比较而自己达不到，产生自己不如人的劣等感。孩子在生命早期还没有能力区分清楚这三层意思的区别，他所表现出来的是爱面子，希望在别人面前干干净净。中国有句俗语“人前教子，人后教妻。”这句话大谬至极。我们许多家长认为孩子小，什么也不懂，没有面子，实际上在孩子还不会说话的时候就已经有“面子”了。所以我们常在不自觉的情况下伤了孩子的“面子”，伤了孩子的自尊心。

如何培养孩子的自信心

董进宇

一个人在人生的道路上能走多远，在人生的阶梯上能爬多高，在人生的战场上能够取得多大成就，除了其他因素外，最关键的因素就是他的自信心。自信心是一个人能力的支柱。一个没有自信心的人，不能指望他能够做出实质性的成就。自信心也是打开一个人生命潜能大门的钥匙。没有自信心，就无法开发人的潜能，因而也不能使人成长成为人才。因此，自信心是一个人成功的最重要的意志品质。而自信心是从小培养起来的。家长对孩子教育培养，最重要的内容就是培养孩子的自信心。很多家长教育孩子，往往把注意力集中在教孩子一些知识上或训练孩子一些技能上，而忽略孩子自尊心和自信心的培养，这是本末倒置、舍本求末的错误做法。每个家长必须明白，你的孩子不论将来从事什么职业，做何种伟大事业，他要想取得成功，他必须得首先做人成功，他必须首先成长成一个正常的具有善良品性、具有适应能力和自我发展完善能力的人，也就是说他必须是一个有尊严和自信的人。

要培养孩子的自信心，家长应做到以下3点：

家长应把赞扬和鼓励作为教育孩子的主导方法

在我们的生命之初，在孩童时代，我们是通过我们身边的人特别是父母对我们的评价来认识自己的。因此，每个家长应注意，你的孩子是否自信，与你对他的评价有直接关系。

几乎每个家长都有这样的观念，教育孩子，就是不断地指出孩子的缺点和不足，对孩子的不正确行为提出批评。以为这样孩子就会逐渐变好。事实上，这种做法是极端错误的。人是不会因为批评而变好。在每个人生命之初，孩子不知道自己是什么样的人，他能干什么，他需要身边最重要的人特别是父母对他的肯定。就是他需要家长不断地鼓励和赞扬，这样他会逐渐建立起自信心。当孩子看到自己在父母眼中是那样的好，他会鼓起勇气做得更好。当孩子不断被父母批评时，他会感到自己是如此无能，他无法将事情做好，于是会看不起自己，失去勇气与自信。因此每个家长，应该改变过去的做法，立即从现在起，每天试着去发现孩子的优点，并以欣赏目光、高兴愉快的心情来表扬孩子的优点，当孩子有一点点进步时，应及时表扬与鼓励！

避免拿别人孩子跟自己孩子比较

很多家长，为教育孩子，总是拿班上学习好的同学来和自己孩子比较，或拿自己单位同事的孩子和自己的孩子比较，试图让自己孩子能够学习别人孩子的优点或激发孩子的上进心。这种做法对孩子的成长是极为有害的。因为这种比较，对孩子来讲，首先，产生的他不如人的感觉，而这种感觉会让他看不起自己，感到泄气；其次，产生的情感是嫉妒，当一个人把精力用在嫉妒别人时，他就没有足够的精力把自己的事情做好；再次，即使激发起孩子向别的孩子学习的欲望，那么盲目学习别的孩子，会使你的孩子失掉自己

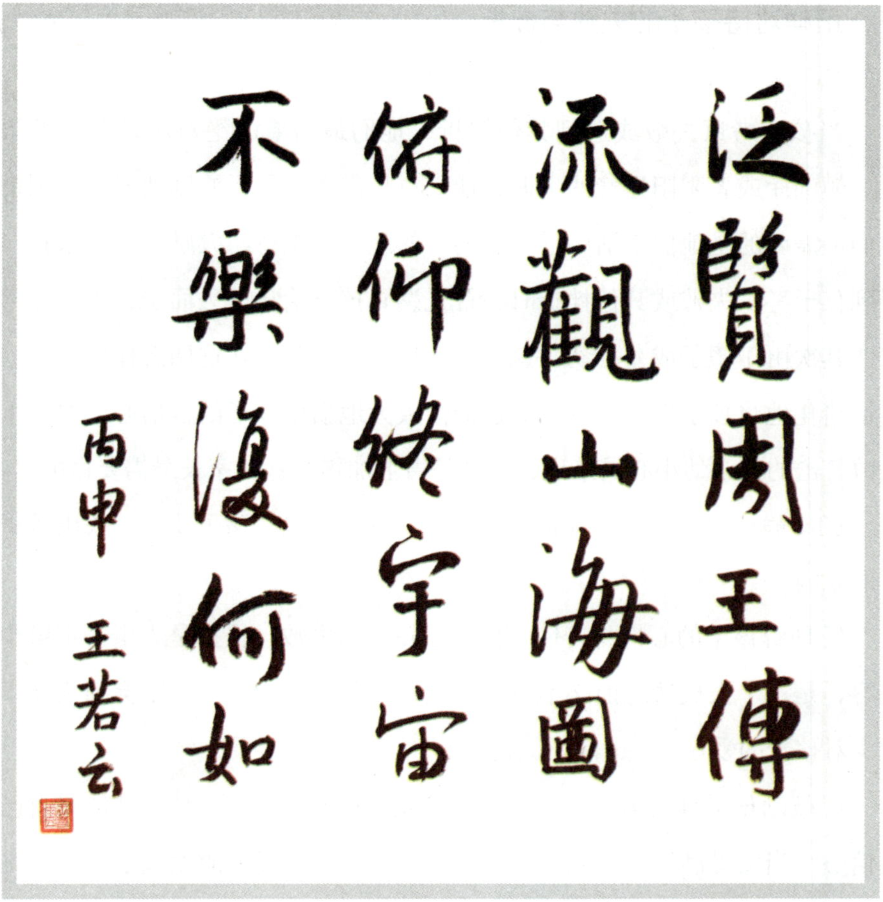

书画阅读 优秀奖 王若云

国网四川省电力公司天府新区供电公司电力调度控制中心(信通分公司)

的特点与个性，成为别的孩子的复制品，那么他永远难以赶上或超过别的孩子，从而产生劣等感，最终丧失自信心。每个家长应该认识到，每个孩子都有他自己的独特长处和与众不同的个性，每个孩子只有从他自己实际的基础上发展，才能成才。家长的首要任务是帮助孩子找出他的长处，发展他的个性。

正确对待孩子的失败与挫折

当孩子考试失败或遇到其他挫折，他们最需要的绝对不是父母劈头盖脸一顿训斥或者阴阳怪气的嘲讽，他们也不需要父母无原则地安慰与同情。他们最需要的是他们生活中最重要的人的理解、支持与鼓励。很多家长，在遇到孩子考试失败或其他挫折时，首先感到孩子给自己丢面子，因而非常生气。其次由于望子成龙心切，这时会表现非常急躁。在这两者作用下，会非常情绪化地将孩子狠批一顿。而这恰恰极大地损伤孩子的自信心，对于承受失败打击的孩子幼小心灵来说，无疑是雪上加霜。这时家长最需要做的是：

□冷静地对待孩子的挫折与失败，心平气和地和孩子谈心，找出孩子失败的原因。

□理解孩子的心情与苦恼，让孩子知道，失败与挫折是人生必不可少的内容，是一个人成功之前必不可少的过程，并且作为父母，不会因为此事就减少对孩子的爱。

□鼓励孩子继续努力。父母必须首先对孩子有信心，孩子才能对自己产生信心。当父母满怀信心和热情地鼓励孩子时，会极大激发孩子克服困难的勇气，恢复孩子的自信心。

如何培养孩子的责任心

董进宇

我们经常说“负责任”，到底什么是责任心?

所谓责任，是你的行为对别人的事情有因果联系，通过你的付出给别人带来一定的利益，事情的结果，不论好坏你要承担不利。当一个人看到自己的行为对他人的影响，我们把这叫作负责任。我们在教育孩子中，我们负起了监督孩子的责任，可是他是一个人，你不能随时随地的监督他。一个人对自己的责任心相当于他心里的“警察”。我们教育的目的就是在孩子心中树立一个“警察”，可以对他自己进行监督。如果父母做了孩子的监督者，那么他对所有的行为都不负责督促和检查。如果让孩子自立，如果想让孩子成为主动学习、力争上游的人，那么必须把他的责任心建立起来。责任心和主动性是连体的，一个人如果被赋责任，有了重要感、价值感，就有了主动性。

责任心是一个人生命的纤绳。有了责任心，一个人才把自己的生命与别人的生命联系起来了，才会产生自我价值感。一个没有责任心，没有价值感的孩子，因为找不到自己的生命在社会中的地位与重要性，便会感到迷惘。因而失去创造成就的动力，而容易为其他一些物质性的轻浮的事物所吸引，沉溺其中，平庸地混过一生。今天正在读书的一代人，享受着前所未有的物质文明等一切有利条件，特别是独生子女，生活条件更加优越。这些都使青少年以自我为中心的倾向加重，而责任感却大大降低，这种状况应该引起每个家长高度警惕。造成这种状况的主要原因是家长们认为，今天生活条件好了，用不着孩子参与家庭生活，他们只要学习好，不惹麻烦就足够了。于是给孩子创造优良的学习生活条件，尽可能满足孩子的愿望，以期孩子能够专心学习。然而事实并非如此，这些在家长过分保护长大的孩子，缺乏责任感、冷漠，在学习上表现被动与厌倦。要想将孩子培养成人才，那么从现在起当务之急是培养孩子的责任心。使他们将自己的生命与家庭、社会联系起来，看到自己好好学习，将来有所作为，对家庭对社会的影响与作用，从而产生价值感，进而激发学习的动力与热情。

要培养孩子的责任心，家长应做到以下5点：

教导孩子关心别人

随时建议你的孩子去帮助身边的亲人，像爷爷、奶奶、姥姥、姥爷做一些力所能及的事情。比如为爷爷倒一杯水，为姥姥去买治胃病的药等等。然后，父母给予及时的表扬。通过帮助别人一点一滴的小事，让孩子找到价值感和重要性，从而树立孩子的责任心。

孩子的事让孩子自己负责任

我们的家长总是想让孩子去干什么，而不是孩子自己想干什么。这样一旦养成他自己负责任的习惯，事先和孩子讲清楚如果这件事你都可以承担，那么就做吧！实际上，一次教训会使孩子不再任性。

书画阅读　优秀奖　黄美艳　深圳供电局有限公司坪山供电局

1920年有一位11岁的美国男孩踢球时不小心踢碎了邻居家的玻璃，邻居索赔12.50美元。闯了大祸的美国男孩向父亲认错后，父亲让他对自己的过失负责，他为难地说："我没钱赔人家……"父亲说："这12.50美元先借给你，一年后还我。"从此，这位美国男孩每逢周末或假日便外出辛勤打工。经过半年的努力，他终于挣足了12.50美元还给了父亲。这个男孩就是后来的美国总统里根。他在回忆起这件事时说："通过自己的劳动来承担过失，使我懂得了什么叫责任。"

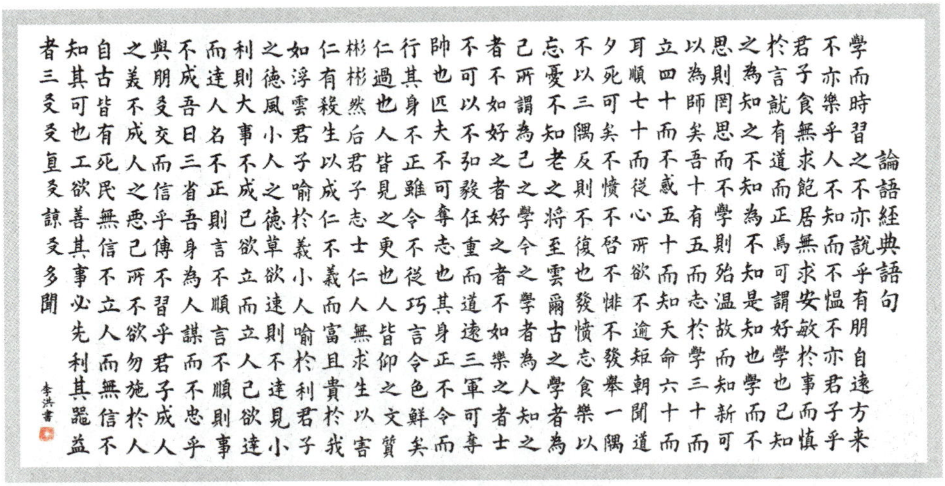

书画阅读　优秀奖　李洪　黑龙江省农垦建三江管理局大兴农场学校

让孩子参与家庭事务的决策

当孩子能够参与讨论家里的通常是成年人的问题时，他们方能够更好地理解父母，而父母一方面可以调动孩子的责任心，使自己清楚地认识孩子的品质，另一方面可以得到有关自己教育的反馈信息。

一个人责任心的建立就是看到自己行为与他人幸福安危有直接因果联系时才建立起的。我们很多家长不让孩子参与家庭事务的决策，是大错特错的事。当孩子从小被当作平等的人来对待的时候，家里什么事和孩子商量，尽管孩子太多问题几乎不懂，但是他会感觉被尊重。他是家庭的一员，他的行为对家庭有影响。而这种感觉对孩子来说就太重要了！

让孩子参与并适当分担一部分家务劳动

我们很多父母因为爱孩子，不让孩子参与家务劳动。让孩子参与家务劳动的目的不在于减轻家务负担，而是从小让孩子知道，他属于这个家庭，自己对其他人负有责任，他不能无偿地接受别人的劳动，孩子要做力所能及的家务劳动。否则他没有参与感，没有属于这个集体的意愿。好好学习，不用干活是绝对错误的。

很多家长怕孩子干家务活，耽误时间影响学习。宁肯自己咬牙将全部家务活都承担下来，尽管下班做完饭后已经非常疲倦了。家长必须让孩子认识到，他是家庭一员，他对别人也负有责任。他应该在力所能及的范围内，分担大人的负担。而这样做，绝对不会影响孩子的学习。当孩子找到价值感、尊严感，那他会主动学习，效率会更高。

通过言传身教，教育孩子对自己负责

在孩子成长时期，家长必须给孩子灌输对自己负责的观念。家长应该让孩子懂得，每个人必须对自己的一生负责。一个人学习好还是学习不好，将来当科学家还是当职员，过富裕的生活还是过受穷的日子，成功辉煌地度一生还是失败暗淡地混一辈子，都取决于他自己。这样从小就引导孩子自己的事由自己做主，自己负责。当一个人对自己的生命负起责任时，他就不再去找借口来掩盖自己不努力学习的行为，他会由被动地学习，变成主动学习。

如何培养孩子的主动进取精神

董进宇

确立了自尊心、自信心、责任心这三大精神软件，孩子的精神就树起来了。这时，你已经把孩子送上正路，关键是怎么让他走得更快！如何让他在他的世界里竞争？这时，需要我们家长培养孩子的主动进取精神。

主动进取精神，也叫上进心，是一个人力争上游的决心与欲望。海伦·凯勒曾说过："当一个人感觉到有高飞的冲动时，他将再也不会满足于在地上爬。"因此当人有了积极的上进心，也就有了好好学习，力争把事情做好的动力。那他就无法停下奋斗的脚步，他再也不想过平庸的日子。一个人一生有多大的成就，很大程度上取决于他上进心的强烈程度。而人的上进心，主要是在童年和青少年时期培养起来的。家长作为孩子的第一任老师，作为孩子的人生导师，对培养孩子的上进心具有不可推卸的责任。

要培养孩子的上进心，家长应做到以下几点：

家长以身作则

首先我们家长都需要反思我们的生活态度是不是积极主动的。我们的

书画阅读　三等奖　彭洋　山西焦煤和泰园林绿化工程有限公司

生活观念如果是被动消极的，这种观念会自动传递给孩子。很多家长说为什么说孩子他不听，因为孩子通过语言学习是次要的，主要是通过行为和感觉来感受这个事情是怎么样的。如果没有把学习上进这种主动精神通过行为传递给孩子，而只是用语言去教育，这在孩子十五六岁以后，并且在他的自尊心、自信心、责任感建立之后基础上是可能有效，孩子会把家长的行为和自己的行为分开。这是一个懒惰的家长完全可以教育出一个勤奋的孩子的主要原因。可是，如果在孩子生命早期，七八岁的孩子，你作为家长每天打麻将，不学习，不工作，没有事业心。然后对孩子说：你要好好学习呀，可别像我呀! 要知道，在那么点儿的孩子眼中你是英雄! 你跟孩子之间的精神脐带还没有剪开。

在我长春开办的《成功沙龙》中曾有一期的话题是:“贫穷是遗传的。”当时不少人不理解，实际上这是非常准确的。我们在不知不觉中，通过你的行为，包括你的表情把你对金钱的看法、对人生的看法传递给了孩子。孩子是通过你来了解成年人的世界的。

对男人而言有三大人生的局限，第一是虚荣，男人如果过分虚荣，骨子里实际是自卑；第二是吝啬，第三是怯懦。如果男孩子有这样的特质，那他成不了优秀的丈夫，更成不了伟大的父亲，成功更与他无缘。所以家长是在餐桌上，在每时每刻的行为中，自动影响孩子的品质，无形地决定了你孩子的命运。为了孩子，我们家长本身要成为追求人生意义的人，家长成为追求人生成功的人，家长要成为快乐的人，家长要用行动来感染孩子，教孩子去追求、去奋斗！家长可以自己奋斗的经历或自己祖先奋斗的经历，教育孩子知道，生命的意义在于奋斗、在于追求、在于进取。

多讲伟人、名人儿时奋斗的故事

不是要给孩子讲同时代的孩子的事，更不能讲身边孩子的事，那会挫伤孩子的自尊心自信心。我们的教育是通过给孩子讲跨时代、跨地域的故事来激励引导孩子。比如西方文化名人的故事，像卢梭、海默、孟德斯鸠……给孩子讲这些名人的故事。不要说：“富兰克林7岁时候比你强多了！”这样又进入教育误区了，正确引导是：“富兰克林7岁已经学会学习，你也应该学会学习……”讲已经去世的、有大成就的名人励志故事绝不会伤孩子的自尊心。因为孩子会想至少我还有时间去达成！如果跟同龄人相比，同样存在一个时空，孩子会感觉：“他比我强，比我快，他已经在我前面，除非他没有了，否则我怎么超越!”在日常的教育中，运用遥远的画面激励孩子，故事适当也是非常重要的。

此外，家长应引导孩子多读一些教子成功、激励人奋斗的励志方面的书。同时鼓励孩子多读一些伟人、名人传记。这些大成功者的传记是孩子人生的教科书。

帮孩子树立目标

人是以目标为导向的高级动物，我们是在追求目标过程中体现生命意义的。

一个商人对他希望攒多少钱没有目标；一个做学问的人对他达到什么程度没有目标，一个人对家庭生活没有目标……我们说这是按任意定律生活的人群。这样的生活是“脚踩西瓜皮，滑到哪里算哪里”，随着时间流逝，生命自然延续，从生到死。这不是有自主精神的人这种动物的生活。

只有一个人有目标有动力时他才可能去做事。我们设想一下：没有终点的赛跑，你会以百米速度去跑吗？两队运动员踢球，裁判说好好踢吧，不记分没输赢，大家可能尽力去踢吗？如果心中没了目标就没有动力。我们要帮孩子树立目标。当孩子心中已有目标，不断帮孩子确认这个目标，你能行！你一定能做到！反复强化，直到这个目标融化进孩子的生命中。因为有这个目标，他的能力一下子就被激励起来了。在孩子小的时候，告诉孩子你期望他达到的人生目标，有人说孩子太小，无意义。实际上是有意义的，这是定下了孩子总体的生命朝向！

有人问我当年怎么有那么大冲劲考大学，我说我从小没有“不上大学会干什么”这个概念！我母亲在我4岁时就对我说上大学怎么好，我根本不知道大学是什么！我的头脑只有一个概念，就是上大学。家长还要把孩子树立成一个有理想人，引导孩子确定他将来度过什么样的人生。让孩子必须有一个理想，一个目标，借由这个目标往前走，否则他没有前行的动力。由外在家长帮助他树立目标，逐步到他自己可以设定目标。当你把以目标为导向的生活变成了孩子的生活方式，当孩子每天依确定的时间表进行学习，他的学习还可能是被动的吗！那时你的任务就是看着孩子别把眼睛累坏就可以了。这是主动的生活方式，是真正成功者的生活方式。

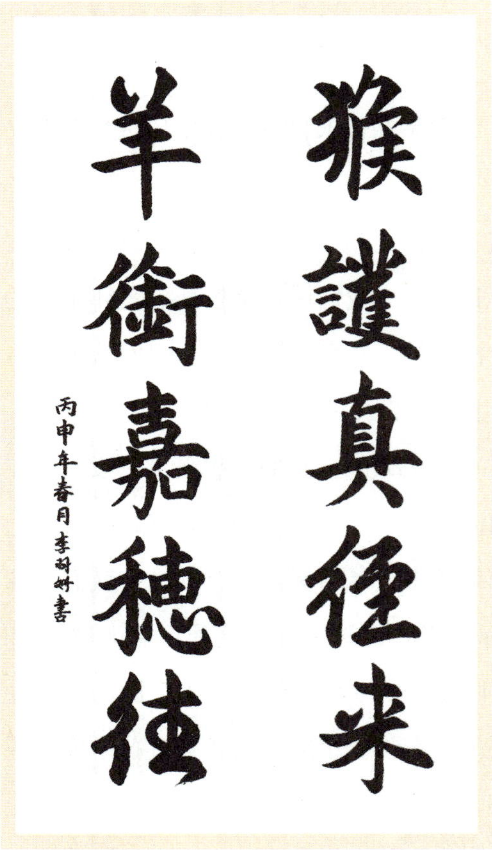

书画阅读　优秀奖　李羽姗
国网大庆供电公司安达市电业局

每天晚上和孩子用5分钟的时间想一下，用一张纸上列出明天我要做哪些事，至少列出8项。开始可能列得很乱，但是逐渐孩子会按重要性来排序。这不仅是设定目标，这是时间管理的根本性程序。孩子一旦做好了这个列表，形成习惯就变成了主动的人，他的生命就和以前不一样了。在这个世界上不是每一个人都按目标为导向生活着，对于一个主动精神建立起来的孩子来说，这一生不可能不过成功的人生。

在这个过程中，家长绝不要越俎代庖，同样绝不强迫，通过诱导，给孩子建立“欲则立”的习惯。一旦孩子形成前瞻性的思维方式，脑海中已经有了未来一年间、三年间的计划，这孩子还用我们教育吗？

表达对孩子的期望

这是我们经常做的，可是我们还没有有意识去做。

期望与鼓励不同，鼓励是针对孩子的情况使他继续去维持良性的行为，而期望是父母表达对孩子未来的一种想象。妈妈希望你将来受高等教育，能够成为成功的人……表达对孩子的基本期望。孩子的基本天性是讨父母的欢心，他不愿违背父母意志，他更愿讨父母欢心。当你说出对孩子的期望，沿一个方向去提出，对孩子将是无形的力量！在孩子的世界中，未来因不可掌握而好比无边的夜，你的希望犹如一支探照灯给孩子指出了路。“妈妈希望你成为一个大成就的人，妈妈希望你成为一个力争上游的人，妈妈不希望你成为一个平庸的人。”把你希望孩子成为什么样的人，做什么样的职业，这样的期望传达，不能说具体，否则就是强迫了。你要说出你希望他具备的，他可能现在还没有的人格特征。反复期望，最后孩子有了主动性、进取性，主动往你希望的方向去了。

对孩子的进取行为进行表扬

毕业于北京大学后来又考入剑桥大学的优秀学生赵雨，在小时候她的母亲是这样教育她的：

就拿赵雨学自行车这事说吧，一开始她连车都推不稳，怎么办呢？我就让她天天推一推，慢慢地敢推了，我夸她进步不小；后来就叫她学跨车，开始时她不敢，怕摔着，我给她扶几次，渐渐地她敢跨着走了；跨了好几天就是不敢骑，还是怕摔倒，我说：“学骑车哪有不摔跤的？不摔着哪能学会骑车，我当时学骑车，不知摔过多少次呢！”说着，让她看了下腿上的伤疤，这下她真的有勇气想试试，可没走两步就摔倒了，我给她扶起，她又骑上，一次又一次地摔倒，一次又一次地爬起，终于有一天骑上不倒了。过了几个星期，即使我坐在后面，赵雨也能带着我骑了。

在学习上，每当赵雨遇到困难，我常拿学骑车这件事鼓励她、开导她：

干什么事都要有信心，从易到难，循序渐进，最后总能解决一切困难。题做错了？没关系，重新再来。我上学时也常遇到这种问题，只要有信心、有恒心，没有过不去的关口。她也真争气，每次考试都能在班级数一数二。别的家长问我的秘诀何在，我毫不保留地说：“当孩子有主动进取心时，家长要不断地表扬和鼓励，相信她自己能做，而且一定能做得更好。”

当众表扬孩子的成绩及优点

在我们传统教育中有这样一个错误观念：认为当着别人的面夸自己的孩子会伤害别人的自尊心。实际上不是这样的。我们的脑海中应当确立：当别人说他的孩子好的时候，并不必然意味着你的孩子就不好！是你脑海中先有这样的观念，所以才不敢当众表扬自己的孩子。

我们的传统观念是“棒底下出孝子”，称孩子为“犬子”，这里表达的是一种谦卑。这都是我们家长要注意避免的。当众表扬孩子的成绩，目的在于让孩子感觉父母因他的成绩而感到高兴。实际上，孩子取得的成绩可能不值一提，但他的努力，他的行为本身是难能可贵的。他的内在素质是最重要的！“我儿子能力非常强，有责任心，有爱心！”这样讲话并不会伤害其他孩子的自尊心，却给你的孩子以荣誉感。人毕生追求光荣与梦想！光荣是别人眼中你的价值，梦想是你自己心中的价值。孩子因你的当众表扬找到价值感，也就激发了主动进取的精神。

正确培养孩子的抗挫折能力

孙云晓

据美国中文网报道，来自美国麻州安多弗的11岁华裔女童叶诗雯在2015年3月以2203积分晋级为大师，成为美国国际象棋史上最年轻的女大师棋手，比目前记录保持人、加州华裔王安妮年轻了4个月。

叶诗雯表示，她喜欢下棋是因为有挑战性，她说："我喜欢和水平高的人下棋。"除了下棋，与其他女孩一样，叶诗雯有多种其他的爱好。她喜欢游泳、打高尔夫球及弹钢琴。虽然叶诗雯很爱象棋，但是以后也打算成为一名职业高尔夫球手和女警察。

由此我们可以看出，11岁的叶诗雯之所以能够不断提高棋艺，成为美国最年幼的国际象棋大师，关键在于她内心喜欢挑战，胸怀卓越目标，并追求不断的进步。

追求卓越，勇于挑战是孩子取得成功的良好品质，但这种勇于挑战困难的品质，需要很强的抗挫折能力。因为挑战困难就意味着需要面对可能存在的失败，任何人做事情都不可能一帆风顺，都会有诸多的问题和挫折，如果没有一颗坚韧的心，缺乏承担失败的勇气就不可能走向成功。

不过很多父母培养孩子容易走进一个误区：他们觉得培养孩子的抗挫折

能力，就是让孩子多经历失败，或让孩子过早地承受着压力，甚至让孩子去挑战超出其能力范围的事情。2015年3月18日《华西都市报》报道了四川一名爸爸，一年中无论春秋冬夏，都让1岁3个月大的儿子光着身子在街上晃悠，而且每天给孩子露天洗冷水澡，给孩子所谓的磨砺教育。这种随心所欲不尊重孩子身心成长特点的教育方法，引起育儿专家的批评，因为这很可能对孩子身心健康造成伤害。

除了身体健康外，忽视孩子心理承受力，而一味给孩子挫折感，还会造成孩子的心理伤害。比如心理学家塞利格曼就提到过一个“习得性无助”的心理现象，这种现象在人类身上的表现就是经历了太多的挫折和失败，从而使自己内心充满了无价值感，丧失信心，变得自暴自弃或者对未来缺乏信心。这不仅不利于孩子的抗挫感的培养，反而有可能让孩子内心变得更加脆弱和自卑。

那么孩子的抗挫折能力究竟如何来培养呢?

一是父母要保护孩子的好奇心，鼓励孩子自己去探索世界的勇气。孩子从刚出生时就对周围的世界充满着好奇，有着对未知的探索冲动。从孩子能爬能走时，父母就需要让孩子感受到世界的美妙，不要因为担心孩子会弄脏自己的衣服，或弄乱家里的摆设而限制孩子的自由，同时对于孩子的探索行为给予鼓励。如果教育得当，到了中小学时孩子就会变得兴趣广泛，乐于尝试新鲜事物。这时父母就可以进一步发掘孩子身上的潜能，发现他的优势，培养他的爱好，这对孩子未来事业的发展和人生的方向都会起到重要的影响。

二是让孩子在做事中拥有成就感。孩子之所以能坚持不懈，很多时候是做事的成功体验让他们着迷，他们喜欢完成事情之后父母的称赞，别人的仰慕，甚至是自己欣赏的满足。所以，孩子的每个进步都需要得到及时的发现和肯定，父母对孩子真诚的肯定和表扬，都是孩子成就感的来源。

书画阅读　优秀奖　周琦昕　黑龙江省双鸭山市第三十二中学

三是让孩子自己承担相应的职责。许多孩子敢于面对挑战，就是因为他们有承担失败的勇气，而这种勇气，很多时候都是在其自我承担中获得的。很多父母对孩子太多的溺爱和包办代替，让孩子在成功的道路上走得太顺，直至孩子受到大的挫折，摔个“大跟头”不肯起来时，父母才知道自己对孩子过度溺爱让他丧失了承担的能力。所以父母要在现实生活中让孩子学会自己做事，并学会自我承担，比如让孩子自己定闹钟起床，自己处理与伙伴的矛盾，自己去验证自己的想法等。

品味书香

书　　名：致未来的你——给女孩的十五封信
作　　者：殷健灵 著
出 版 社：青岛出版社
出版时间：2013年7月

[鉴赏导读]

这是一本专为女孩儿写的书，是15封给女孩“依莲”的信。从女孩子的身体、气息、爱的表达谈到孤独是什么、如何掌控自己的命运，自我修炼以及了解最重要的人共15个方面。本书画了8张唯美、优雅风格的插图，每幅画的主人公都像是作者笔下的“伊莲”。15封信真实自然，文笔诗意，娓娓道来，却透着一股深入所有女孩心田的力量。

本书透着优雅和温暖，像极了装着人生锦囊的荷包，既是作者的切身体会，又是做知心大姐姐后的心得。15封信，通过真情地讲述，传递着人生哲理，提供着成长的智慧。

本书能帮助一个女孩从书中获得心灵成长的力量。书中还有其他主题：男孩和女孩的差异、感受母爱、爱的表达、美丑、孤独、亲情、修炼、自强自立。范围涵盖之全，孩子们总能从书里找到自己想知道的秘密。